W0262084

Chemische Reactionen

zum

Nachweise des Terpentinöls

in den

ätherischen Oelen, in Balsamen etc.

Für

Chemiker, Apotheker, Drogisten und Fabrikanten ätherischer Oele.

Von

Dr. Hermann Hager.

Springer-Verlag Berlin Heidelberg GmbH 1885

ISBN 978-3-662-39422-9   ISBN 978-3-662-40487-4 (eBook)
DOI 10.1007/978-3-662-40487-4
Softcover reprint of the hardcover 1st edition 1885

Inhalt.

Einleitung.

Das hauptsächlichste Material zur Verfälschung der ätherischen Oele, sowohl der theuren, als auch der billigeren, war von jeher das Terpentinöl, besonders das rectificirte. Die bisher übliche pharmakologische Anweisung, das den ätherischen Oelen beigemischte Terpentinöl zu erkennen, verweist den Untersucher auf den Geruchssinn, und bei einigen Oelen auch auf das Verhalten .gegen Jod. Nun ist der Geruchssinn von verschiedener Kraft und in denjenigen Fällen ohnmächtig, in welchen der Geruch des ätherischen Oeles kräftiger ist als der des rectificirten Terpentinöls, und diese Fälle sind die häufigsten. Ferner werden die Fälscher nicht nach dem gewöhnlichen Terpentinöle greifen, welchem allerdings ein besonderer Geruch zukommt, nein, sie greifen zu einem Terpentinöle, welches 1—2—3 mal rectificirt ist, und welchem ein specifischer Geruch völlig abgeht. Zu manchen Oelen wird sogar ein mit Kohlenpulver behandeltes und dann rectificirtes Terpentinöl entweder zugemischt oder der Muttersubstanz, aus welcher das Oel bereitet wird, zugesetzt und der Destillation unterworfen. Von einem Reisenden erfuhr ich ähnliches, auch dass das Terpentinöl für diese Verfälschungszwecke keineswegs junger Beschaffenheit sein dürfe, vielmehr 1—2 Jahre alt, übrigens ein bereits rectificirtes sein müsse. Diese Erzählung hielt ich für eine Mythe und habe desshalb davon nirgends Erwähnung gethan, heute aber wende ich derselben einigen Glauben zu. Es ist ja erklärlich, dass der Fälscher stets das rectificirte Terpentinöl verwenden wird, weil demselben der specifische Geruch ziemlich abgeht und der Geruch des verfälschten Oels stets vorwaltet. Den Oelen, welche durch Destillation gewonnen werden, setzt man das Terpentinöl wohl nur selten nach der Destillation zu, sondern giebt es mit der Muttersubstanz in den Destillirapparat, um es mit dem destillirenden Oele schwesterlich zu verbinden. Bei den Prüfungen der ätherischen Oele traf ich häufig rectificirte Oele an, welche sich der nicht rectificirten Sorte gegenüber terpentinölhaltig erwiesen. Das natürliche Cajeputöl z. B. erwies sich stets frei von Terpentinöl, nicht aber die aus verschiedenen Quellen bezogenen rectificirten Cajeputöle.

Eine geringe Quantität rectif. Terpentinöls behandelte ich mit Kohlenpulver, filtrirte und destillirte mir einige Cubikcentimeter ab, welches Destillat ich in 2 Theile trennte. Den einen Theil mischte ich mit der zweifachen, den andren Theil mit der dreifachen Menge reinen Citronenöls und legte die Gemische einer Person mit vortrefflichem Geruchssinne vor, welche den Citronenölgeruch auch kannte. Das Resultat war, dass ein Terpentinölgeruch nicht erkannt wurde, das Gemisch mit 33,3 pCt. Terpentinöl für etwas schwächer, das Gemisch mit 25 pCt. Terpentinöl als gut und untadelhaft beurtheilt wurde.

Vor etwa einem Decennium wurde mir ein mit *Oleum Laricis* bezeichnetes äth. Oel in kleiner Menge aus der Schweiz zugesendet, mit der Frage, wozu dieses Oel wohl Verwendung finden könne. Dasselbe war einem rectificirten Terpentinöle in physikalischer Beziehung völlig gleich, nur der Geruch bot nichts Charakteristisches und war ein sehr schwacher. Im Handel kommt dieses Oel nicht vor. Sollte es etwa als Quantitätsvermehrer der Oele der Aurantiaceen verbraucht werden? Wird ein solches Oel anderen äth. Oelen mit besonderem kräftigem Geruche beigemischt, so dürfte dies durch den Geruch garnicht erkannt werden.

Die Nothwendigkeit, über eine Reaction auf Terpentinöl

verfügen zu können, liegt selbstverständlich nahe, es haben auch viele Chemiker nach einer solchen Reaction geforscht und schon vor Jahr und Tag ging ich auch an die Aufgabe, eine solche Reaction aufzusuchen, doch immer nach 2—3 Tagen liess ich die Sache fallen, meinend, dass eine solche Reaction wohl nur eine Illusion sei. Zu einem Resultate gelangte ich nicht.

Gegen Ende des Februars dieses Jahres (1885) befand ich mich auf einem schriftstellerischen Ruhepunkte und suchte ich nach Aufgaben, der Pharmacie einen Dienst zu erweisen. Da fiel mir diese Reaction auf Terpentinöl wieder ein und ich ging auch sofort an diese Aufgabe wieder heran. Etwa 40 Tage arbeitete ich, führte täglich 20—30 Versuche nach allen Richtungen aus und vier- bis fünfmal war ich daran, die Büchse in das Korn zu werfen, da ich absolut nichts Sicheres erreichte. Da fiel mir endlich, also nach 40 Tagen endloser Mühe, das Verhalten der ätherischen Oele zu den Harzen ein, und griff zur Aloë, Benzoë etc., doch kein Resultat, welches dem Zwecke entsprochen hätte, erfolgte. Nun griff ich zu dem Guajakharz und — siehe da! meine Mühen und Versuche boten mir so viel des Interessanten, dass ich nur um so dringender arbeitete. Die Resultate führten mich nun auf eine Bahn, auf welcher ich das mir gestellte Problem zu lösen vermochte und ich die Reactionsmethode fand, das Terpentinöl in den übrigen ätherischen Oelen nachzuweisen, ohne Beihülfe des Geruchs, welcher ja immer noch Anwenduug finden kann.

Die Reaction mit Jod bietet für denselben Zweck einige Anhaltspunkte, aber meistens nur dann, wenn das Terpentinöl in dem anderen ätherischen Oele über 15 pCt. vertreten ist, und dann nur bei einem Theile der äth. Oele, bei einem anderen Theile, welche mit Jod in Contact eine lebhafte Reaction erzeugen, wiederum nicht. In manchen Fällen wird man auch nach dieser Jodreaction greifen, um im Urtheile sich Sicherheit zu verschaffen (Handb. d. pharm. Praxis, unter *Olea aetherea).*

Reactionen auf Terpentinöl in den anderen ätherischen Oelen.

Die von mir aufgefundene Reaction zum Nachweise des Terpentinöls in den anderen äth. Oelen bezeichne ich mit Guajakreaction.

Hier sei noch erwähnt, dass ein Paraffinölgehalt der äth. Oele ohne allen Einfluss auf die Guajakreaction bleibt.

Nun habe ich noch eine andere Reaction aufgefunden und zwar zur Erkennung äth. Oele in Alkoholen, Aether, Benzolen etc., sowie auch zur Erkennung des Terpentinöls, jedoch nur in einer geringen Anzahl äth. Oele. Ferner dient diese Reaction zur Unterscheidung und Erkennung der äth. Oele und Körper, welche grosse Begierde haben, sich mit Sauerstoff zu verbinden, also zur Erkennung der oxygeno-erotischen Substanzen für sich oder in Substanzen, welche nicht oxygeno-erotisch sind.

Diese Reaction ist der Guajakreaction nicht verwandt. Ich unterscheide dieselbe als Mercuroreaction und werde sie am Schlusse der Mittheilungen über die Guajakreaction vorlegen. Diese Mercuroreaction kann Anwendung finden bei Aethern, verschiedenen Alkoholen, Schwefelkohlenstoff, Benzolen, Benzinen, Chloroform, Glycerin, äth. Bittermandelöl (natürlichem und künstlichem), Cassienöl, Irisöl, Bernsteinöl, Steinöl, Steinkohlentheeröl, Ol. Vincae, Ol. Vitis viniferae, Wintergreenöl, Phenol, zur Unterscheidung fuselhaltigen Spiritus etc.

Guajakreaction und ihre Ausführung.

Die Guajakreaction ist auf dem Verhalten einer grossen Anzahl ätherischer Oele begründet, die ozonisirende Wirkung des Terpentinöles anzuregen oder lebendig zu machen, während vielen ätherischen Oelen diese anregende Wirkung völlig oder nur bisweilen abgeht. Wenn man in einen kleinen

Reagircylinder *(A)* eine kleine Messerspitze frisch zu Pulver zerriebenen Guajakharzes giebt, etwa 1 ccm (25 Tropfen) Spiköl, *Ol. Spicae,* darauf giesst und über dem Zuge einer brennenden Petroleumlampe bis fast zum Aufkochen erhitzt, so ist das von der Flamme entfernte Oel nach dem Absetzen des etwa nicht gelösten Harzes von gelber Farbe.

Giebt man in ein anderes Reagirglas *(B)* eine Messerspitze soeben zu Pulver zerriebenen Guakharzes, giesst darauf 1 ccm (25 Tropf.) des *Ol. Spicae* und 5 Tropfen des rectificirten Terpentinöls und kocht nun auf oder erhitzt bis fast zum Aufkochen, so zeigt das von der Flamme entfernte Oel einen dunkel violetten Farbenton.

Will man die Farbe besser erkennen, so darf man nur die erhitzten Oele mit 1—2 ccm Chloroform, Amylalkohol, wasserfreiem Aethylalkohol, Benzol etc. verdünnen. Selbst, wenn man vor der Kochung das Oel mit einer dieser Flüssigkeiten verdünnt, so erlangt man meist ähnliche differirende Resultate in der Färbung.

Wie das Spiköl verhält sich manches Kalmusöl, Cedernholzöl, Citronellöl, Sandelholzöl, Baldrianöl, Lemongrasöl, Krummholzöl *(Ol. Pini Pumilionis)*, Patschuliöl, Melissenöl, Lavendelöl, Wachholderholzöl etc.

Mit dieser Reaction ist somit leicht zu erforschen, ob das Oel Terpentinöl enthält oder nicht. Diese Oele wirken gleichsam **stimulirend** oder **stimulatorisch** auf Terpentinöl, dieses zu ozonisatorischer Thätigkeit anregend.

Manche Sorte der vorgenannten Oele und viele andere Oele zeigen gegen Guajakharz und Terpentinöl ein anderes Verhalten. Wenn man z. B. 1 ccm Rosmarinöl mit 1 ccm Chloroform oder Benzol verdünnt und mit einer Messerspitze frischen Guajakharzpulvers aufkocht, so zeigt es gelbe Farbe, auch dann, wenn man 4—5 Tropf. Terpentinöl zugesetzt hat. Das Rosmarinöl ist also gleichsam indifferent gegen Terpentinöl im Contact mit Guajakharz, es regt das Terpentinöl nicht zu ozonisirender Thätigkeit an.

Oele dieser Art sind z. B. Engl. Gewürzöl, Dillöl *(Ol.*

Anethi), Angelikawurzelöl, Bergpetersilienöl *(Ol. Apii)*, Kümmelöl, Cinaöl, Ysopöl, Rautenöl, Thymianöl, Salbeiöl etc.

Wenn man nun den aufgekochten gelben Mischungen, bestehend aus 1 ccm eines dieser Oele, einer kleinen Messerspitze zu Pulver zerriebenen Guajakharzes und 4—5 Tropf. rectif. Terpentinöls, einige Tropfen eines stimulatorisch einwirkenden Oeles, z. B. 2—4 Tropf. Citronellöl, hinzusetzt, und nun erwärmt oder aufkocht, so färbt sich das mit jenen 4—5 Tropfen Terpentinöl versetzte Gemisch sofort violett, blau-violett oder dunkelviolett, aber nicht das Gemisch mit dem Oele, welches kein Terpentinöl enthält. Die sich gegen Terpentinöl indifferent verhaltenden Oele werden durch ein stimulatorisch wirkendes Oel zuweilen auch in den Ozon erzeugenden Zustand übergeführt oder zu demselben disponirt. Setzt man mehr als 2 Tropfen eines stark stimulatorisch wirkenden Oels hinzu, so darf häufig nicht aufgekocht werden, weil dann die Siedehitze die stimulirende Wirkung vermehrt und das stimulatorische Oel das indifferent sich verhaltende ebenfalls in einen ozonoprothymen Zustand überführt, so dass dieses auch, Guajakharz in Lösung haltend, sich dunkelviolett färbt, wenn auch kein Terpentinöl darin vertreten ist. Es genügt daher häufig eine Messerspitze Guajakharz mit 10—20 Tropf. wasserfreiem Weingeist aufzukochen und dieser erkalteten Harzlösung das indifferente Oel mit einigen, etwa 5—10 Tropfen des stimulatorischen Oels zuzusetzen und beiseite zu stellen, wo dann oft sofort oder nach einigen Minuten violette Färbung eintritt, wenn Terpentinöl gegenwärtig ist.

Nun giebt es auch einige wenige Oele, welche in ihrem Verhalten gegen Guajakharz dem Terpentinöle mehr oder weniger ähnlich sind, zur Ozonbildung neigen, sich gleichsam ozonoprothym verhalten, wie z. B. Tanacetöl, Rautenöl, Krauseminzöl, Wachholderbeeröl etc. Im Allgemeinen verhalten sich diese Oele einigermaassen verschieden vom Terpentinöl, so dass bei vorsichtiger Arbeit dennoch Terpentinöl in diesen Oelen erkannt werden kann, insofern sie z. B. nach Zusatz eines stimulatorischen Oels unter gleichen Umständen eine blass- oder roth-violette, bei Terpentinölgehalt aber eine tiefdunkle oder blau-violette Farbe annehmen.

Die Guajakreaction, die Reaction zum Nachweise des Terpentinöls in den anderen ätherischen Oelen, ist genau genommen, eine Ozonreaction, und in Bezug hierzu sind die ätherischen Oele in folgende drei Arten zu schichten, nämlich in

1. Oele, welche zur Ozonbildung Neigung haben und in den Zustand der Ozonträger übergeführt werden können. An deren Spitze steht das Terpentinöl, besonders das rectificirte. Eine bedeutend geringere Neigung haben Tanacetöl, Rautenöl, einige Minzöle, Wachholderbeeröl, Zittwersamenöl etc. Diese Oele sind als Ozonoprothymöle (zur Ozonbildung geneigte) zu unterscheiden.

2. Oele, welche direct, besonders in der Wärme, das Terpentinöl anregen, Ozon zu bilden, ozonisirend zu wirken und Guajakharz violett oder blau zu färben. Diese Oele belege ich der Kürze halber mit der Bezeichnung Stimulatoren (Anreger). Solche Oele sind viele Sorten des Citronellöls, Spiköls, Kalmusöls, Cedernholzöls etc. Ob nun ein solches Oel ein kräftiges oder schwaches stimulatorisches ist, erfährt man leicht, wenn man Terpentinöl (1 ccm) mit etwas frisch bereitetem Guajakharzpulver, welches mit mehreren Tropfen absolutem Weingeist aufgekocht ist, und einigen Tropfen des stimulatorischen Oels mischt. Tritt sofort dunkelviolette Färbung ein, so ist dieses ein stark stimulatorisches Oel; muss es aber erst erwärmt oder aufgekocht werden, um die dunkelviolette Färbung zu erzeugen, so ist das Oel ein schwach stimulatorisches.

Einige dieser Stimulatoren-Oele muss man, behufs der Guajakreaction zur Hand halten. Kalmusöl bezeichne ich, wenn es stimulatorisch wirkt, mit *Ol. Calami normale*. Da 2 Sorten Citronellöl in meinem Vorrath und auch 2 aus fremder Hand bezogene Citronellöle sich als kräftige Stimulatoren erwiesen, so habe ich dieses Oel besonders als *Ol. Citronellae* für die Reaction in Gebrauch genommen. Als

schwaches stimulatorisches erwies sich eine Sorte Cedernöl
(Ol. Cedri ligni); auch einige Sorten Sandelholzöl, Spiköl.

3. Oele, welche sich gegen Terpentinöl, Guajakharz in Lösung haltend, indifferent verhalten, Terpentinöl zur Ozonbildung nicht anregen und mit Guajakharz und
Terpentinöl versetzt, selbst aufgekocht gewöhnlich nur eine
gelbe Farbe zeigen (vorausgesetzt, dass das Oel keine grüne,
blaue oder eine andre dunkle Farbe hat), belege ich der
Kürze halber mit der Bezeichnung Adiaphoren (Gleichgültige).

Die Arten einer und derselben Oelgattung, die Sorten
eines und desselben Oeles können mitunter, so weit meine
Erfahrung reicht, sowohl zu den Adiaphoren als auch zu den
Stimulatoren, selbst zu den Ozonoprothymölen zählen. Sollten
die Arten eines und desselben Oeles nur zu einer jener
Klassen Oele gehören, so wird dies die Erfahrung später
herausstellen. Dass ein schwach stimulatorisch wirkendes
Oel kräftiger wirkend gemacht werden kann, versuchte ich
an einer Sorte Citronellöl, welches ich den directen Sonnen-
strahlen aussetzte und vor dem Zutritte der Luft nicht dicht
abschloss. In 5 Tagen war die stimulatorische Wirkung
dieses Oels eine bedeutend kräftigere.

Da die rectificirten äth. Oele gewöhnlich ein anderes
Verhalten in der Guajakprobe zeigen als die nichtrectificirten,
so wird uns damit ein Fingerzeig, dass die Rectification insofern unvollständig ausgeführt wird, dass man das Destillat
theilt und nicht immer daran denkt, dass die constituirenden
Theile des ätherischen Oels bei verschiedenen Temperaturen
und zu verschiedenen Zeiten des Destillationsactus übergehen
und eine theilweise Theilung und Trennung erleiden. Rectificirte Oele sind wohl nur selten als Stimulatoren anwend-
bar und man gehe überhaupt von dem Glauben ab, dass
rectificirte äth. Oele als Medicament besser wirken denn die
nichtrectificirten.

Der Nachweis des Terpentinöls in den Stimulatoren-
Oelen ist einfach und leicht, auch der Nachweis desselben

in den Adiaphoren-Oelen, denn man darf nur etwas von einem Stimulatorenöle hinzusetzen, um die Reaction zu erlangen. Einige Schwierigkeiten bieten die Oele, welche sich in einem ozonoprothymen Zustande befinden. Diese erfordern einige Modificationen der Reaction, um zwischen dem reinen Oele und dem mit Terpentinöl versetzten Oele eine Differenz der Färbung zu erlangen. Im letzteren Falle greift man auch wohl zu solchen Oelen als Hilfsmittel, welche sich antiozonoprothym verhalten, wie z. B. manches Macisöl, ferner zu schwachen Stimulatorenölen, und als Verdünnungsmittel zum Petrolbenzin, allein oder in Gesellschaft mit einem anderen der Verdünnungsmittel. Petrolbenzin erfordert immer Aufkochung, welche bei den Ozonoprothymölen in Gesellschaft mit Benzol, Chloroform und Amylalkohol meist zu meiden ist.

Zur Ausführung der Guajakreaction sind erforderlich:

1. Guajakharz in Stücken, *Resīna Guajăci natīva*, um es für das Experiment zuvor zu Pulver zu zerreiben.

2. Rectificirtes Terpentinöl, *Oleum Terebinthīnae rectif.* zur Anstellung der Parallel-Reaction.

3. Zwei bis drei stimulatorische Oele, ein stark und ein schwächer auf Terpentinöl im Contact mit Guajakharz einwirkendes, z. B. *Ol. Citronellae, Ol. Santali ligni, Ol. Cedri ligni, Ol. Spicae.* In welcher Weise man vorgehen muss, um zu erkennen, welches dieser ätherischen Oele ein stark stimulatorisches oder ein schwach stimulatorisches ist, wurde bereits auf Seite 7 (sub 2) näher angegeben. Citronellöl erwies sich meist stark stimulatorisch, Spiköl, Cedernöl, Sandelholzöl waren schwach stimulatorisch. Da letztere Oele kein gleiches, oft ein sehr abweichendes Verhalten zeigen, so ist es rathsam, wenigstens zwei derselben zur Hand zu halten.

4. Einige Verdünnungsmittel, theils um die eintretende Färbung besser zu erkennen, theils um die Lösung des Harzes und Oeles zu fördern. Diese Lösungsmittel sind:

Aethylalkohol oder wasserfreier Weingeist,
Amylalkohol,
Chloroform,
Benzol oder Steinkohlenbenzin,
Petrolbenzin, Benzin aus amerikan. Petroleum.

5. Ein Tropfglas für wasserfreien Weingeist, welchen ich der Kürze halber gewöhnlich mit Spir. oder Spirit. absol. *(Spiritus absolutus)* bezeichne.

6. Enge, etwa 0,9—1,1 cm weite, mindestens 10 cm lange Reagircylinder.

7. Ein kleiner, innen glasirter Porzellanmörser zum Zerreiben des natürlichen Guajakharzes.

8. Eine Petrollampe mit Rundbrenner.

Zur Ausführung der Guajakreaction nimmt man zwei kleine 0,9—1,1 cm weite und mindestens 10 cm lange Reagircylinder zur Hand. Einer der Cylinder muss ein Abzeichen tragen, etwa mittelst Diamantes oder mittelst Tinte mit einem Kreuz (†) versehen sein. Das mit Tinte gezeichnete Kreuz wird über einer Flamme eingetrocknet, um es vor dem Verwischen zu schützen. Beide Cylinder erfasst man mit Daumen und Zeigefinger der linken Hand und giebt in jeden derselben eine kleine Messerspitze, etwa 0,12—0,15 g Guajakharzpulver, welches nicht über zwei Tage alt sein darf und am besten vor dem Experiment durch Zerreiben im Porcellanmörser hergestellt ist. Auf das auf dem Boden jedes Cylinders liegende Harz giebt man entweder je 10—15—20 Tropfen *Spiritus absolutus* und dann annähernd 1 ccm des Oels, oder auf das Harzpulver auch nur das Oel allein. Hat man für diese Menge nicht das passende Augenmaass, so nehme man vom Oele entweder 24 grosse oder 30 kleine Tropfen. In den mit † bezeichneten Cylinder giebt man 3—4 Tropfen weniger des Oels und in Stelle derselben 4 grosse oder 5 kleine Tropfen rectificirt. Terpentinöls, so dass in beiden Cylindern eine ziemlich gleich hohe Oelschicht vorhanden und vom Oele etwa 1 ccm ausgefüllt ist, das Niveau der Flüssigkeiten also in den beiden gleich weiten

Cylindern in gleicher Höhe liegt. Von dem Verdünnungsmittel (dem Amylalkohol, Chloroform, Benzol etc.) giebt man meist ein gleiches Volumen wie vom Oele, also auch annähernd 1 ccm hinzu.

Wenn in den weiter unten (S. 21) folgenden Beschreibungen der Reactionen gesagt ist: „Harz" so ist damit jene Messerspitze frisch zu Pulver zerriebenen Guajakharzes gemeint, und mit den Ausdrücken „Oel", „Benzol", „Chloroform", „Amylalkohol" etc. ist, wenn nähere Quantitäten nicht angegeben sind, immer nur 1 ccm oder 24 grosse oder 30 kleine Tropfen bezeichnet; auf 0,12—0,15 g Harzpulver sind also immer, wenn nähere Bezeichnungen nicht vorliegen, vom Oel und dem Verdünnungsmittel je 1 ccm zu verwenden.

Mit „Spirit. absol." oder „Spir. absol." ist in den Beschreibungen der gewöhnliche wasserfreie Weingeist bezeichnet. Unter *Oleum Anethi* und *Oleum Amomi* sind die Mengen der zu mischenden Substanzen beispielsweise näher angegeben. In dem Cylinder *B* treten immer 4—5 Tropfen Terpentinöl hinzu.

Bei sehr theuren Oelen können sehr wohl halb so grosse Mengen der Substanzen und natürlich auch etwa 0,8 cm weite Cylinder in Anwendung kommen; auf etwa 0,07 g des Guajakharzpulvers wären dann nur 0,5 ccm oder 12 grosse oder 15 kleine Tropfen des Oels und ein dem Volumen des Oels ziemlich gleiches Volumen des Verdünnungsmittels, im Cylinder *B* aber nur 2 grosse Tropfen Terpentinöl anzuwenden. Da sich die Verdünnungsmittel bei vielen Oelen nicht gleich verhalten, so wende man bei etwa folgenden Controlversuchen behufs einer Reactionsmodification auch ein anderes Verdünnungsmittel an.

Die Guajakreaction kann in folgenden Verhältnissen zur Ausführung kommen. *A* die Probe mit dem zu untersuchenden ätherischen Oele und *B* die Parallelprobe mit dem zu untersuchenden Oele, versetzt mit $^1\!/_5$—$^1\!/_6$ rectif. Terpentinöls.

	Guajakharz	Spirit. absol.	äth. Oel	Terpentinöl	Verdünnungsmittel	Stimulatorisches Oel
	Gramm	Tropfen	Tropfen	Tropfen	Tropfen	Tropfen
A	0,13—0,15	10—20	28—30	—	30	1—5—10
B	0,13—0,15	10—20	24—26	4—5	30	1—5—10
A	0,06—0,07	8—15	14—15	—	15	1—2—4
B	0,06—0,07	8—15	12 - 13	2—3	15	1—2—4
A	0,04—0,05	20—30	6—7	—	—	1—2—3
B	0,04—0,05	20—30	6—7	1—2	—	1—2—3
A	0,02—0,03	15—20	3—4	—	—	1—2
B	0,02—0,03	15—20	3—4	1	—	1—2

Bei sehr theuren Oelen genügt eines der letzteren Verhältnisse. Will man als Verdünnungsmittel wasserfreien Weingeist benutzen, so fällt in den beiden oberen Verhältnissen der Posten mit Spirit. absol. weg. Dieser Zusatz hat nur den Zweck, die Flüssigkeit in einen klareren Zustand überzuführen oder eine Lösung des Harzes zu bewirken, wenn eine Kochung der Mischung nicht vorgenommen werden soll, besonders bei den ozonoprothymen Oelen.

Ergaben nun die Mischungen mit adiaphorischem Oele in den Cylindern *A* und *B* nach dem Aufkochen eine gelbe Flüssigkeit und man ist genöthigt, ein stimulatorisches Oel (Citronellöl) zuzusetzen, so versuche man es zunächst mit 1—2—3 Tropfen, wenn dieses Oel ein kräftig wirkendes ist. Wenn nach 1—5 Minuten kein Farbenwandel in *B* eintritt, so giebt man 1—2—3 weitere Tropfen des stimulatorischen Oels hinzu oder erwärmt gelinde (auf 30—40—60⁰ C.), bis in *B* Farbenwandel eintritt.

Ein wasserfreier Weingeist und ein rectif. Terpentinöl, welche etwa in hölzernen Fässern oder Gefässen lagerten, dürfen für die Guajakreaction nicht in Anwendung kommen.

Das *Guajakharz* darf nur die *Resina Guajaci nativa s. naturalis* sein. *Resina Guajaci alcohole depurata* (extrafein), auch *in massa Ia* sind für die vorliegende Reaction völlig verwerflich. Das allein verwendbare Harz muss frisch zerrieben in Menge einer Messerspitze mit 1 ccm Terpentinöl und 1 ccm wasserfreiem Weingeist gemischt keine violette Farbe annehmen, auch nicht beim Aufkochen; es darf nur eine gelbe Lösung ausgeben. Das Pulver, durch Zerreiben des Harzes soeben hergestellt, muss von weissgrauer Farbe sein und ein solches giebt nur die *Resina Guajaci nativa* aus.

Ein vorräthiges Guajakharzpulver darf für die Reaction nie in Anwendung kommen, denn es giebt gewöhnlich ganz entgegengesetzte Resultate und würde man bei seiner Verwendung zur Annahme einer Verfälschung des äth. Oels mit Terpentinöl gelangen, wo diese Verfälschung garnicht vorliegt. Ein Durchschlagen des durch Zerreiben hergestellten Pulvers durch ein Sieb ist gerade nicht nothwendig, denn kleine 0,5 mm dicke Harzpartikel sind bei der Reaction keineswegs störend, es genügt, wenn nur ein Theil des Harzes in Lösung übergeht. Das in der Apotheke vorräthige Guajakharzpulver darf also, wenn es über 2 Tage alt ist, nicht für die Reaction verwendet werden, auch nicht ein Pulver, auf welches Sonnenlicht einwirkte.

Das rectificirte Terpentinöl sei kein zu altes, es darf auch nicht einen hydratischen Zustand zeigen, welcher an einem leisen Trübesein leicht erkannt wird. Altes und hydratisches Terpentinöl mit wasserfreiem Weingeist und Guajakharzpulver im Contact färbt sich bläulich oder es nimmt damit wiederholt aufgekocht eine bräunliche, braune oder violette Farbe an. Nur ein rectif. Terpentinöl, welches mit Guajakharzpulver (dem frisch bereiteten) und Weingeist aufgekocht eine gelbe Farbe annimmt, oder welches mit Guajakharzpulver aufgekocht heiss eine fast farblose oder nicht kräftig gelbe, oder erkaltet milchig-weisse (keine farbige) Flüssigkeit liefert, ist verwendbar. Terpentinöl löst bei gewöhnlicher Temperatur nur sehr wenig Guajakharz.

Ein Erwärmen bis zu einer bestimmten Temperatur geschieht im einfachen Wasserbade, in einem kleinen, auf einer Sandschicht stehenden Becherglase, in welchem sich eine 4—5 cm hohe Schicht destill. Wassers befindet, in

welchem auch ein Thermometer steht und welches durch eine
Lampe erhitzt wird. Man erhitzt stets soweit, bis in dem
Cylinder der Parallelprobe *(B)*, worin sich das Oel mit Terpentinöl versetzt befindet, die Flüssigkeit Farbenwandel
zeigt, einen dunklen Farbenton annimmt.

Die Aufkochung des Gemisches aus Guajakharz, Oel,
Verdünnungsmittel etc. darf nur über dem Cylinder einer
brennenden Petrollampe mit Rundbrenner zur Ausführung
kommen. Eine Erhitzung zum Aufkochen über freier Flamme,
Weingeistflamme etc., ist gefahrdrohend, denn beim Sieden
und Aufschäumen leicht entzündlicher Flüssigkeiten kann ein
Aufspritzen auf die Hand und Entzündung des Aufgespritzten,
auch eine Entflammung des zugleich erzeugten Dampfes statt-
finden, wie es mir beim Aufkochen einer Mischung mit Benzol
passirte und meine rechte Hand plötzlich in Flamme gehüllt
war. Zufällig stand ein Becken mit Wasser neben mir und
konnte ich die Hand sofort in Wasser untertauchen und die
Flamme löschen. Wäre die Erhitzung über freier Flamme
nicht zu umgehen, so nehme man 14—16 cm lange und etwa
1 cm weite Reagircylinder.

Bei Anwendung einer Petrollampe mit Glascylinder ist
man vor jeder Gefahr geschützt und man kann beide Cylinder
(*A* mit dem zu prüfenden Oele, Harz etc. und *B* mit dem
zu prüfenden Oele mit 4—5 Tropf. Terpentinöl, Harz etc.)
zugleich gleichmässig erhitzen und aufkochen, indem man
sie, mit ihrem Boden sich fast berührend, einen rechten oder
auch einen V-Winkel bildend, über der Ausstromöffnung des
Lampencylinders hält. Man kann die Erhitzung dann so
genau regeln, dass die Kochschaumbläschen in dem einen
wie in dem anderen Reagircylinder in gleicher Menge oder
gleichem Umfange erzeugt werden. Gerade eine gleich-
mässige Erhitzung in beiden Reagircylindern (*A* und *B*) ist
von grossem Werthe, um eben einen möglichst gleichen
Reactionsverlauf zu erzielen.

In den Berichten über die Guajakreaction der verschiedenen äth. Oele ist der Kürze halber die Mischung mit dem

zu untersuchenden Oele stets mit *A*, die Mischung des zu untersuchenden Oeles, welche mit 4—5 Tropfen rectif. Terpentinöl versetzt ist, stets mit *B* bezeichnet. *A* ist also die Marke für die Hauptprobe, *B* die Marke für die Parallelprobe.

Die Cylinder müssen innen trocken sein, damit das zuerst eingeschüttete Guajakharzpulver nicht an der Innenwandung hängen bleibt, sondern bis auf den Boden der Cylinder niederfällt.

Die Reinigung der Cylinder geschieht in der Weise, dass man die Flüssigkeit nach dem Schlusse der Reaction ausgiesst, dann den Cylinder mit einigen ccm einer circa 10proc. Natronlauge versieht, umschüttelt und nun ausgiesst (bei mehreren Reactionen in ein besonderes Gläschen zum Gebrauch für die folgenden Reinigungsfälle). Hierauf wird mit Wasser ausgespült und nach dem Ausschleudern des letzten Wassertropfens mit Weingeist nachgespült.

Besondere Notizen. Ob das Apfelsinenöl *(Ol. Aurantiorum dulcium)*, Bergamottöl *(Ol. Bergamottae)* und verwandte Oele, ferner Krauseminzöl *(Ol. Menthae crispae)*, Rainfarrnöl *(Ol. Tanaceti)*, Rautenöl *(Ol. Rutae)*, auch Zittwersamenöl *(Ol. Cinae)* den ozonoprothymen Oelen angehören, ist noch eine offene Frage. Vom *Ol. Cinae* hatte ich einen Rest, welcher sich in jeder Beziehung adiaphorisch verhielt. Da ich auch vom Apfelsinenöl, Bergamottöl, überhaupt von den Oelen der Aurantiaceen mehrere Sorten in die Hand bekam, welche sich total adiaphorisch verhielten, so zähle ich dieselben den Adiaphoren-Oelen zu. Bei der Bereitung dieser Oele wird man wohl häufig zur Sammlung der Reste aus den Rückständen den Weg einschlagen, ein Quantum mit Kohle behandelten und rectificirten Terpentinöls oder des *Oleum Laricis* zuzusetzen und der Dampfdestillation zu unterwerfen. Das Resultat ist ein Oel, welches keinen Terpentinölgeruch hat und dazu dient, das Quantum der gangbarsten Aurantiaceenöle zu vermehren und diese Oele in ozonoprothyme überzuführen.

Es ist z. B. ein Irrthum, *Ol. Neroli* zweiter Qualität zu kaufen. Dieses ist fast immer ein Gemisch von *Ol. Neroli optimum* mit *Ol. Aurantiorum dulcium cort.* Diese zweite Sorte Neroliöl verhielt sich gewöhnlich stark ozonoprothym oder einer Verfälschung verdächtig, wesshalb ich auch demselben in den Berichten keinen Platz anwies.

Bei der Prüfung der Ozonoprothymöle unter Beihülfe von stimulatorischen Oelen folgt auf die Farbenwandlung der Oelmischung mit Terpentinöl (in *B*) im Verlaufe von 1—2—3 Minuten auch eine Farbenwandlung in der nicht mit Terpentinöl versetzten Oelmischung (in *A*), wenn das Oel auch frei von Terpentinöl ist. Würde diese Zeitdauer sich nur auf 10—20—30 Secunden erstrecken, so muss man auch das Oel für ein terpentinölhaltiges ansehen, es walte denn in den beiden Farben eine erhebliche Verschiedenheit, z. B. carminroth und bläulich-violett, röthlich-violett und blau. Solche Differenzen sprechen für Nichtvorhandensein einer Verfälschung mit Terpentinöl. Um sich ein möglichst sicheres Urtheil zu bilden, habe ich stets mehrere Sorten Oel derselben Art mehreren von einander abweichenden Prüfungen unterworfen und darüber berichtet, so dass dem minder erfahrenen Experimentator Anhaltspunkte dargeboten sind.

Nun kommen auch einige wenige Fälle vor, in welchen in der Probe *A* eine dunkle, in der Probe *B* (mit Terpentinölzusatz) aber eine hellere Farbe eintritt. Sind diese Farben nicht von gleichem Tone, z. B. blau und röthlich violett, dunkelviolett und bräunlich, so muss eine solche Differenz dennoch zu Gunsten des zu untersuchenden Oeles aufgefasst und die Abwesenheit des Terpentinöls angenommen werden. Jede bedeutende Farbendifferenz in den Proben *A* und *B* muss also stets als ein Zeichen aufgefasst werden, dass das zu untersuchende Oel mit Terpentinöl nicht verfälscht ist.

Es können verschiedene und oft Ausschlag gebende Resultate erlangt werden, wenn man z. B. Guajakharzpulver mit dem Oele übergiesst und aufkocht, oder wenn man das Harz zuvor mit 10—20 Tropf. absolutem Weingeist aufkocht und dann zu der warmen oder zu der kalten Flüssigkeit das Oel zugiesst, einige Zeit dann stehen lässt oder aufkocht. Man erwarte aus diesen scheinbar gleichen Experimenten nicht ein und dasselbe Resultat. Bei manchen Oelen ist die Wahl des Verdünnungsmittels auch häufig von besonderem Einflusse. Ist man zu Modificationen der Reaction genöthigt, so wähle man stets ein anderes Verdünnungsmittel oder unterlasse die Erhitzung, das Aufkochen, man versuche dafür ein Erwärmen, meide den Weingeistzusatz etc.

Mit Aufkochen ist in den Berichten stets das schäumend sich vollziehende Aufkochen gemeint. Wenn die Flüssigkeit eine etwa 0,5 cm hohe Schaumschicht deckt, dann entferne man die Cylinder von der Flamme. Ein wiederholtes Aufkochen ist mitunter auch von vielem Werthe für die Reaction.

Die in den folgenden Berichten angegebenen Reactionen sind, wie schon erwähnt, nur zum Zwecke der Erkennung des Verhaltens der äth. Oele angegeben. Entsprechend diesem Verhalten suche man die Reaction auszuführen. Als Verdünnungsmittel gab ich dem Benzol meist den Vorzug, und absoluten Weingeist verwendete ich als Verdünnungsmittel desshalb sehr selten, weil er gewöhnlich eine dunklere Färbung da (in A) bewirkt, wo man diese von blassem Tone erwartet.

Da Petrolbenzin die Wirkung der ozonoprothymen Oele einigermaassen zurückhält, dieses Benzin aber wenig lösend auf das Harz einwirkt, so setze man zu 1 ccm Petrolbenzin 15—20 Tropfen wasserfreien Weingeist hinzu, um eine klare Flüssigkeit zu erlangen. Ist überhaupt die Mischung aus Harz, Oel und Verdünnungsmittel eine sehr trübe und milchige, so greife man stets zu wasserfreiem Weingeist, von welchem 15—20 Tropfen genügen, eine ziemlich klare und daher in der Farbe kräftiger erscheinende Flüssigkeit zu gewinnen. Bei den ozonoprothymen Oelen tritt in der Hauptprobe mitunter eine dunkle Färbung ein, und diese ist um so dunkler, je klarer die Flüssigkeit ist. In diesen Fällen vermeide man bei einer der Controlproben den Zusatz von Weingeist und greife zum Benzol als Verdünnungsmittel. Kocht man dann Harz mit dem Oele und Benzol auf, so wird die Flüssigkeit (in *A*) milchig trübe ausfallen und den hellen oder blassen Farbenton länger (sogar 12—24 Stunden) wahren, während die Parallelprobe (*B*) dunkle Farbe zeigt.

Ein **Haupterforderniss** bei Ausführung der **Guajak-reaction** ist, das Hauptexperiment (*A*) und das Parallel-experiment (*B*) in **gleicher Weise, unter gleichen Um-ständen** auszuführen. Den Unterschied, welcher zugleich den wesentlichen Theil der Reaction einschliesst, bilden die 4 grossen oder 5 kleinen Tropfen rectif. Terpentinöls, welche dem Cubikcentimeter äth. Oels in der-Parallelprobe *(B)* zu-gesetzt werden. Hauptexperiment und Parallelexperiment sind ferner immer **gleichzeitig** auszuführen.

Eine **Vereinfachung** der Experimente könnte bei den Oelen ermöglicht werden, welche nur den Stimulatoren und Adiaphoren angehören. Man könnte dann in folgender Weise verfahren, z. B. mit *Oleum Spicae, Ol. Lavandulae.* Man gebe in einen engen Reagircylinder etwa 0,07 g des zerriebenen Guajakharzes, mische dasselbe mit 10 Tropf. absolutem Wein-geist und 15 Tropfen Benzol, koche auf und versetze mit 15 Tropf. des zu untersuchenden Oels. Wenn in 10 Minuten keine Farbenwandlung eintritt, so setze man 2 Tropf. eines stimulatorischen Oels hinzu, agitire und warte wiederum 10 Minuten Zeit ab. Tritt während dieser Zeit keine Wandlung ein, so koche man auf, und wenn auch dadurch keine Farben-wandlung eintritt, so setze man nach Verlauf einer halben Stunde 2 Tropf. Terpentinöl hinzu und koche dann wieder auf. Wenn nun eine dunkel violette Färbung, also nach Zu-satz des Terpentinöls eintritt, so war das Oel auch frei von Terpentinöl. Sicherer und richtiger verfährt man mit den beiden Parallelversuchen. Bei Prüfung der stimulatorischen Oele wäre sowohl der Zusatz eines stimulatorischen Oels, als auch der Zusatz des Terpentinöls überflüssig, denn ein solches

Oel würde beim Aufkochen mit dem Harze, wäre es verfälscht, sofort violetten Farbenton annehmen.

Das *Oleum Citronellae*, Citronellöl, welches ich als kräftig stimulatorisches Oel empfehle, habe ich unter diesem Namen vom Drogisten bezogen. Nun kommen auch ätherische Oele anderer *Andropogon*-Arten unter demselben Namen in den Handel, welche aber nicht immer eine kräftige ozonostimulatorische Wirkung äussern. Um für diese Oele die richtige Bezeichnung zu finden, sei bemerkt, dass das

Citronellöl dem blühenden *Andropōgon Nardus* L. (auf Ceylon kultivirt) entstammt.

Oleum Melissae Indicum (Ostindic.), Lemonöl, Lemongrasöl, Grassöl, *Essence de Verveine* kommt von *Andropogon citratus DC.*, auf Ceylon und Signapore kultivirt.

Oleum Geranii Indicum, Oil of Ginger Grass, Rusa-Oil, Oil of Geranium, kommt von *Andropogon Schoenanthus* L., im nördlichen und mittleren Ostindien einheimisch.

Oleum Geranii Gallicum s. *Turticum* entstammt dem *Pelargonium roseum Willd.*, welches auf dem Cap einheimisch ist und in der Türkei und in Frankreich (bei Versailles zu Montfort-Lamury) kultivirt wird.

Was nun die Theorie, den chemischen Vorgang der Guajakreaction zum Nachweise des Terpentinöls in anderen äth. Oelen betrifft, so kann darüber Sicheres und Bestimmtes nicht mitgetheilt werden, denn rectificirtes Terpentinöl mit dem Pulver des nativen Guajakharzes behandelt, liefert direct keine Farbenreaction, sondern nur dann, wenn ein den stimulatorischen äth. Oelen zugehöriges Oel gleichzeitig einwirkt. Dieses stimulatorische Oel tritt seinen Sauerstoff enthaltenden Theil an das Terpentinöl ab, welches den Sauerstoff in Ozon verwandelt und an die Guajakonsäure abtritt, welche nun eine blaue oder violette oder kirschrothe Farbe annimmt, je nach dem Umfange der Ozonmenge. Setzt man wenig des stimulatorischen Oels hinzu, so ist der Ozonakt ein geringer, bei einer grösseren Menge aber tritt eine bedeutend kräftigere Färbung ein. Diese Einwirkung der stimulatorischen Oele auf Terpentinöl tritt auch, wenn sie in grösserer Menge angewendet werden, in den Oelen auf, welche reich an Terpenen sind, welche terpenreichen Oele ich mit Ozonoprothym-Oele bezeichnete. Bei Zusatz von stimulatorisch oder ozonisirend wirkenden Oelen muss man desshalb mit Vorsicht vorgehen, nur nach und nach 1—2 Tropfen zusetzen, auch ein Erhitzen oder Aufkochen oft meiden, weil bei gleichzeitiger Einwirkung der Wärme der Ozonisationsakt an Kraft zunimmt. Nur alte, viele Jahre hindurch gelagerte, mit Terpentinöl verfälschte adiaphorische (gleichgültige) Oele färbten sich gewöhnlich, mit dem Guajakharze aufgekocht, violett.

Terpentinöl, nur das rectificirte, steht an der Spitze der Ozonoprothymöle, von welchen keines dem Terpentinöle nahe zu stehen scheint. Selbst andere Camphene oder Terpene aus der Familie der Coniferen stehen demselben fern, denn im *Oleum Pini Pumilionis*, im *Ol. Pini silvestris* lässt sich Terpentinöl (Französisches oder rectificiertes) nachweisen. So wunderbar diese Thatsache ist, so ist sie doch eine wahre. Auf dem Wege der Guajakreaction erkennen wir somit, dass das rectificirte Terpentinöl nur ein Terpen (Kohlenwasserstoffgebilde) ist; jene beiden erwähnten Coniferenöle aber neben Terpen noch Sauerstoff-Verbindungen enthalten und dadurch den Verlauf der Reaction abändern.

Dass sich auch diese vorgezeichnete Ozontheorie in anderer Weise erklären lässt, muss zugestanden werden, doch ist es im vorliegenden Falle immer die Hauptsache, mit Thatsachen zu rechnen und die Theorie den praktischen Resultaten anzupassen.

Notiz zur Beschaffung der stimulatorischen Oele.

Bei Bestellung der Zusendung der stimulatorischen Oele ist der Drogist zu informiren, wie das zuzusendende Oel beschaffen sein muss, man theile ihm mit, wie sich das stark stimulatorische (Citronellöl) und wie sich das schwach stimulatorische Oel (Spiköl) gegen Guajakharz und Terpentinöl verhalten müsse, wie dies auf Seite 7 und 9 näher angegeben ist. In den folgenden Reactionsberichten sind die anderen stimulatorischen Oele auszuwählen, wenn die auf S. 9 benannten Oele sich nicht stimulatorisch verhalten.

Guajakreaction, praktisch ausgeführt.

Nur die ätherischen Oele, welche einer Verfälschung mit Terpentinöl ausgesetzt sein können, sind in den folgenden Mittheilungen erwähnt.

(*A* bedeutet die Mischung aus 1 ccm des zu prüfenden äth. Oels mit 0,13—0,15 g Guajakharzpulver etc. bestehend, und *B* bedeutet die Mischung aus 1 ccm des zu prüfenden Oels mit 4—5 Tropfen rectific. Terpentinöl, 0,13—0,15 g Guajakharzpulver etc. bestehend. Die Reactionsberichte unter *Ol. Amomi* und besonders unter *Ol. Anethi* dienen als Muster für die übrigen Reactionsberichte. Das Pulver des nativen Guajakharzes darf nicht über 2 Tage alt sein).

Oleum Absinthii (Absinthöl, Wermuthöl), ein braungrünes Oel. Wegen seiner dunklen Farbe ist von dem Verdünnungsmittel ein grösseres Volumen zu verwenden.

a) Harz (0,13 g) mit Oel (1 ccm) aufgekocht und mit Chloroform (3 ccm) versetzt auf 60° erhitzt: *A* rothbraun, *B* (das mit 5 Tropfen Terpentinöl versetzte) gelbbraun. Nach dem Aufkochen ist *B* dunkler an Farbe.

b) Harz (0,13 g) mit 15 Tropfen Spirit. absol. übergossen und aufgekocht, dann 1 ccm Oel zugesetzt und aufgekocht: *A* und *B* dunkelbraun. Nach Zusatz von 4 ccm Chloroform und 4 Tropfen *Ol. Citronell.* und Aufkochen: *A* und *B* kräftig braun mit rothem Stich. Beiseite gestellt ist nach 3 Stunden *B* stark dunkelbraun und man sieht violette Wolken vom Niveau der Flüssigkeit niedersinken. *A* ist bedeutend heller braun als *B* ohne jene violetten Wolken. Wird wieder aufgekocht, so erblasst *A* während der Kochung bedeutend, wird aber nach der Kochung schnell wieder dunkel, während *B* während der Kochung tief dunkelrothbraun verbleibt. Nochmals aufgekocht vollzieht sich ein Gleiches, *B* nimmt nur einen violetteren Ton an und erscheint nach der Kochung dunkelviolettbraun. Dieses Erblassen beim Kochen in A ist ein sicheres Zeichen, dass das Oel frei von Terpentinöl ist.

c) Harz mit 20 Tropfen Spirit. absol. aufgekocht, erkaltet mit 1 ccm Oel und 4 ccm Petrolbenzin, dann mit 5 Tropfen *Ol. Citronell.* gemischt. A und B im durchfallenden Lichte trübe braungrünlich. Aufgekocht und beiseite gestellt, tritt in 10 Minuten keine Veränderung ein. Nun werden nochmals 5 Tropfen *Ol. Citronellae* hinzugesetzt und beiseite gestellt. Da in 20 Minuten keine Farbenwandlung eintritt, so wird aufgekocht: B nimmt alsbald dunklere Färbung an, in Dunkelroth übergehend. Da diese Färbung nicht intensiver wird, so werden weitere 5 Tropfen *Ol. Citronell.* und 3 ccm Amylalkohol hinzugesetzt. Nach dem Aufkochen ist A bräunlichgelb und B tief dunkelblaugrün, welche Farbendifferenz andauert.

d) 0,2 g Harz mit 20 Tropfen Spirit. absol. aufgekocht, dann mit 0,5 ccm Oel und 3 ccm Amylalkohol versetzt und aufgekocht: A und B grünlichbraun, durchscheinend und fast klar. Nach Zusatz von 10 Tropfen *Ol. Citronell.* nimmt B sofort dunklere Färbung an und zeigt nach 10 Minuten tiefes Dunkelroth, während A röthlichbraun ist: Nun schwach aufgekocht ist A unverändert, aber B tintenhaft rothviolett. Mit 3 ccm Amylalkohol weiter verdünnt ist A bräunlichgelb, B undurchsichtig tintenartig dunkel, auf eine Porcellanfläche getropft dunkelgrün.

Die Farbendifferenzen in den 4 vorstehenden Reactionen lassen die Abwesenheit des Terpentinöls mit aller Sicherheit erkennen.

Oleum Amomi (Pimentöl), bräunlichgelb. Harz (0,12—0,15 g) mit 15 Tropfen Spirit. absol. und Oel (1 ccm) aufgekocht: A und B gelb, erkaltend wird aber B etwas bräunlich. Nun mit Benzol (1 ccm) versetzt und aufgekocht sind beide gelb, B einen schwachen bräunlichen Ton zeigend. Erkaltet mit 8 Tropfen *Ol. Citronellae* versetzt und beiseite gestellt: B nimmt sofort dunklere Färbung an und nach

Verlauf von 2 Minuten ist es kräftig rothviolett, *A* rein gelb. Nach 5 Minuten ist *B* dunkelviolett, *A* gelb. Nach 10—15— 60 Minuten bleibt diese Farbendifferenz noch constant.

Somit ist dieses Pimentöl frei von Terpentinöl und ein adiaphorisches mit sehr schwacher stimulatorischer Wirkung.

I. *Oleum Amygdalarum amararum aeth. Anglicum* (Bittermandelöl, äth.). Harz mit 15 Tropfen Spirit. absol. aufgekocht und erkaltet mit dem Oele und Benzol (ana 1 ccm) versetzt: *A* und *B* gelb. Da Farbenwandlung in 15 Minuten nicht eintritt, so aufgekocht: *A* und *B* gelb. Erkaltet mit 10 Tropfen *Ol. Citronell.* versetzt und beiseite gestellt. Erst nach 15 Minuten wird *B* etwas dunkler und nimmt bräunlichen Farbenton an. Nach der 30. Minute ist *B* dunkelviolett, *A* noch so gelb wie im Anfange; nach 60 Minuten ist *B* tief dunkelblau, *A* noch gelb. Nach zwei Stunden dieselbe Farbendifferenz.

Hiernach ist das Oel total frei von Terpentinöl, denn im anderen Falle hätte *A* schon nach Verlauf von 25 Minuten einen Farbenwechsel beginnen müssen.

II. *Ol. Amygdal. amar. aeth. Gallic.* Behandlung dieselbe wie sub I, aber statt 10 werden 15 Tropfen *Ol. Citronell.* hinzugesetzt und dann beiseite gestellt. Erst in der 30. Minute tritt bei *B* eine schwache Bräunung ein; nun sehr schwach zum Aufkochen erhitzt, ist *B* sofort tief dunkel blauviolett und undurchsichtig, *A* aber gelb wie zuerst. Diese Farbendifferenz dauert noch eine Stunde weiter.

Also auch dieses Oel ist von Terpentinöl frei. Die ätherischen Bittermandelöle sind adiaphorische.

I. *Oleum Anethi* (Dillsamenöl, alte Waare). In zwei Reagircylinder *A* und *B* werden je 0,13 g frisches Guajakharzpulver und 20 Tropfen Spirit. absol., dann je 1 ccm Oel und Benzol, in den Cylinder *B* aber noch 5 Tropfen *Ol. Tereb. rectif.* gegeben und nun beide Flüssigkeiten aufgekocht: *A* und *B* quittengelb. Da im Verlaufe einer Viertelstunde keine Farbenänderung eintritt, sich das Anethöl also adiaphorisch verhält, so Zusatz von 4 Tropfen *Ol. Citronellae,* welches Oel ja stimulatorisch einwirkt, und Aufkochen. Da damit noch keine Farbenänderung erreicht wurde, so nochmaliger Zusatz von 4 Tropfen *Ol. Citronell.* (in *A* und in *B*) und Aufkochen. Jetzt färbt sich *B* sofort kräftig carminroth, während *A* seine gelbe Farbe wahrt.

Diese weiterhin andauernde Farbendifferenz lässt die Abwesenheit des Terpentinöls erkennen, denn nur in *B* fand sich ozonisatorische Wirkung ein.

II. *Ol. Anethi.* Harz (0,13 g) mit Oel (1 ccm) aufgekocht, nach Zusatz von Chloroform (1 ccm) wieder aufgekocht liefert immer gelbe Flüssigkeiten. Dies erfolgt auch bei Ersatz des Chloroforms durch Benzol, Amylalkohol etc. Das Dillöl ist sonach, wie auch das sub I erwähnte, ein völlig adiaphorisches, es muss also zu einem stimulatorischen Hilfsmittel gegriffen werden, z. B. zum *Ol. Citronellae.*

a) Harz (ca. 0,13 g) mit 15 Tropfen Spirit. absolut. betropft und aufgekocht. Wird dann das Anethöl (1 ccm) nebst 8 Tropfen *Ol. Citronell.* dazugegeben und in minutenlangen Pausen 3—4mal aufgekocht, so zeigt *A* kräftigeres Gelb, *B* dagegen kräftiges Violett während der Erhitzung, nach derselben aber Violett mit schwachem gelblichem Schimmer. Nach Zusatz von Benzol ist *A* gelb, *B* violett. Aufgekocht wird *B* blasser an Farbe. Diese Farbendifferenzen dürften genügen, die Abwesenheit des Terpentinöls im Anethöl zu erkennen. Es lassen sich auch noch weitere Farbendifferenzen hervorbringen, denn wenn man nun die aufgekochten Proben *A* und *B* etwa 12 Stunden beiseite stehen lässt, so zeigen sich beide gelb und klar, auch wieder aufgekocht fast unverändert, aber nach Zusatz von 4 Tropfen *Ol. Citronell.* und Aufkochen erscheint *A* gelb, *B* gelbbraun mit violettem Stiche. Um noch weitere Beweise für die Abwesenheit des Terpentinöles zu erlangen, wende man eine Modification der vorstehenden Reaction an:

b) Harz (ca. 0,13 g) mit 10 Tropfen Spirit. absolut. aufgekocht, dann mit Oel (1 ccm) versetzt und aufgekocht, zeigen *A* und *B* gelbe Färbung. Nach Zusatz von Chloroform

(1 ccm) und 4 Tropfen *Ol. Citronell.* und nochmaligem Aufkochen zeigen *A* und *B* gelbe, nach 3 Stunden goldgelbe Farbe. Nach weiterem Zusatze von 4 Tropfen *Ol. Citronell.* und Aufkochen erscheint *A* kräftig gelb, *B* dunkler an Farbe, nach einigen Minuten aber dunkelviolettbraun.

Also auch hier eine mächtige Farbendifferenz, die Abwesenheit des Terpentinöls bekundend. Das Aufkochen nach Zusatz des *Ol. Citronell.* geschah stets deshalb, weil beim Beiseitestehen eine Farbenwandlung von selbst nicht eintrat. Diese Reactionsvorgänge mögen als Muster für die folgenden dienen. Anethöl ist nach obigen Reactionen zu urtheilen ein scharf adiaphorisches.

I. *Oleum Angelicae seminis* (Angelikaöl, Engelwurzsamenöl, etwa 3—4 Jahre alt). Harz mit 10 Tropf. Spirit. absol. aufgekocht, erkaltet mit Oel und Benzol gemischt: *A* und *B* gelb. Nun aufgekocht bleibt *A* gelb, *B* geht sofort in Violett über und erkaltend ist *A* rein gelb, *B* aber schön dunkel blau violett.

Damit ist die Abwesenheit des Terpentinöls sicher erkannt. Noch nach einer Stunde war die Farbendifferenz, das dunkle Blau in *B*, als ein recht kräftiger Ozonisationsakt vorhanden. Dieses Oel erwies sich stimulatorisch.

II. *Ol. Angelicae opt.* Harz mit 10 Tropf. Spirit. absol. aufgekocht, dann das Oel nebst 2 Tropf. *Ol. Citronellae* hinzugesetzt und aufgekocht. *A* zeigt sich während des Erhitzens gelb, *B* violett. Damit war erkannt, dass dieses Oel kein mit Terpentinöl versetztes ist. Um ein weiteres Verhalten zu prüfen, sei erwähnt, dass nach dem Aufkochen *B* erkaltend gelben Farbenton annahm und nach 3 Minuten *A* gelb und *B* kräftig grün war. Durch Zusatz von Chloroform (gleichem Vol.) wurden *A* und *B* milchig trübe, darauf *A* gelblich lila, *B* bläulich. Aufgekocht wurden die Flüssigkeiten klar, *A* grünlich, *B* kräftig violett. Nach einer Minute zeigte *A* einen schwachen violetten Ton, aber *B* war kräftig violett. Auch dieses weitere Verhalten war immerhin ein Zeichen, dass eine Verfälschung mit Terpentinöl nicht vorlag.

Angelikaöl sub I. erwies sich als stimulatorisches, sub II. aber als adiphorisches.

III. *Oleum Angelicae sem.*, eine sehr reine Waare, nur aus Samen gewonnen. Zum Harze wurden Oel und Benzol gegeben und auf 30—33° C. angewärmt. Es zeigte sich A gelb und B blauviolett, aber bei stärkerer Wärme nahm A einen schwach bläulich-violetten Ton an. Nun aufgekocht zeigen beide, A und B, eine gelbe Farbe. Hier liegt also eine antiozonoprothyme Wirkung vor. Nach Zusatz von 5 Tropf. *Ol. Citronell.* und Beiseitestehen zeigte nach 10 Minuten B violette Farbe, A war gelb. Nach 2 Stunden waren A und B gelb, aufgekocht aber A gelb, B violett.

IV. *Ol. Angelicae sem.* (einige Jahre alt). Wurde die Mischung aus Benzol, Oel und Harz zwei Minuten hindurch in ein Bad von 45—50° C. gestellt, so war A gelb, B blau, auch nach dem Erkalten drei Stunden hindurch, während welcher Zeit A einen nur schwachen violetten Schein annahm. Auch dieses Oel musste als frei von Terpentinöl angesehen werden.

V. *Ol. Angelicae radicis.* Oel mit Harz aufgekocht, A und B gelb. Beim Erkalten nahm B einen grünlichen Ton an. Nach Zusatz von Chloroform zeigen sowohl bei mässiger Wärme wie beim Aufkochen A und B gelbe Färbung. Nun beiseite gestellt und zweimal nach Verlauf je einer Stunde aufgekocht zeigte sich A hellbraun, B braun mit violettem Schimmer.

a) Harz mit 10 Tropf. Spirit. absol. aufgekocht, erkaltet mit Oel versetzt und aufgekocht. Beim Kochen zeigte B vorübergehenden violetten Ton. Mit Benzol versetzt und aufgekocht bleibt A gelb, B nimmt violetten Farbenton an, welcher nach und nach nicht kräftiger wird. Nun 5 Tropf. *Ol. Citronell.* zugesetzt. Sofort wird B dunkel violettblau, während A gelb bleibt. Nach einer Stunde ist B immer noch tief dunkel blauviolett, A aber gelb.

Somit ist die Abwesenheit von Terpentinöl in dem Engelwurzelöl mit aller Sicherheit zu behaupten.

VI. *Ol. Angelicae* (aus einer Apotheke). Harz zuvor mit 15 Tropf. Spirit. absol. aufgekocht, dann mit Oel und Benzol versetzt und aufgekocht: *A* und *B* gelb mit violettem Anfluge. Erkaltet mit 10 Tropf. *Ol. Citronell.* versetzt und beiseite gestellt: *A* und *B* nehmen sofort violette Farbe an und in Zeit einer Minute sind *A* und *B* undurchsichtig, tief dunkelviolett.

Diese Uebereinstimmung der Färbung zeigt, dass dieses Angelicaöl 15—20 Proc. Terpentinöl enthält.

VII. *Ol. Angelic. radicis* (aus sicherer Hand bezogen). Harz, 15 Tropf. Spirit. absol., Oel und Benzol aufgekocht: *A* und *B* etwas trübe und gelb. Da in einer halben Stunde keine Farbenwandlung .eintritt, so Zusatz von 10 Tropf. *Ol. Citronell.* Im Verlaufe einer Minute tritt eine Farbenwandlung in *B* ein, indem sich ein brauner Ton einstellt. Nach Verlauf von 10 Minuten ist *B* dunkelblau, *A* gelb wie im Anfange. Da diese Farbendifferenz noch 1—2 Stunden weiter besteht, so muss dieses Oel auch als ein terpentinölfreies censirt werden.

Oleum animale aethereum (Ol. Cornu Cervi rectif., ätherisches Thieröl, Dippelsches Oel, etwa 3 Jahre alt). Harz mit Oel aufgekocht: *A* und *B* gelblich, trübe. Nach Zusatz von Chloroform und Aufkochen: *A* und *B* gelb und wenig trübe. Erkaltet mit 5 Tropf. *Ol. Citronell.* versetzt. Sofort ist *B* dunkel blauviolett, *A* gelb, welche Farbendifferenz andauert.

Diese grelle Farbendifferenz lässt mit aller Sicherheit die Abwesenheit des Terpentinöls erkennen. Dieses ätherische Oel ist hiernach ein adiaphorisches.

I. *Oleum Anisi stellati* (Sternanisöl). Harz, Oel und 15 Tropf. Spirit. absol. aufgekocht: *A* und *B* gelb. Nun erkaltet mit Benzol und 8 Tropf. *Ol. Citronellae* versetzt und beiseite gestellt: Schon in der ersten halben Minute nimmt *B* rothvioletten kräftigen Färbenton an, während *A* rein blassgelb ist. In der 2. Minute ist *B* dunkel blauviolett. Diese Farbendifferenz dauerte noch 2 Stunden hindurch. In der 3. Stunde zeigte *A* ein gelbrothes Colorit, welches in der 4. Stunde in Roth überging.

Es ist somit auch keine Spur Terpentinöl vertreten. Ebenso in dem folgenden Oele aus anderer Bezugsquelle:

II. *Ol. Anisi stell.* Ebenso wie sub I. behandelt. Dieses verhielt sich insofern different, als *B* gegen 5 Minuten Zeit nöthig hatte, um aus dem Bräunlichroth in dunkeles Blauviolett überzugehen. *A* zeigt sogar noch nach 3 Stunden dieselbe rein gelbe Farbe.

Dieses Verhalten ist ein sicheres Zeichen der Abwesenheit des Terpentinöls.

Auffallend ist, dass die Reaction sub I. nach Verlauf eines halben Tages ein anderes Resultat darbot als die Reaction sub II., denn *A* in Reaction sub I. war nach dieser Zeit durchsichtig blau geworden, während in Reaction II. *A* eine goldgelbe Farbe zeigte, diese auch noch einen vollen Tag bewahrte. Läge in dem Oele sub I. ein geringer Gehalt an Terpentinöl vor, so hätte sich dies mindestens nach 10 Minuten des Beiseitestehens durch Farbenwandlung anzeigen müssen. Die nach 10 Stunden eintretende Blaufärbung hat mit Terpentinöl schwerlich irgend eine Beziehung. Sternanisöl ist ein adiaphorisches Oel.

Oleum Apii (Berg-Petersilienöl). Harz mit 15 Tropf. Spirit. absol. aufgekocht und erkaltet mit Oel und Benzol versetzt: *A* und *B* gelblich. Da im Verlaufe einer halben Stunde keine Farbenwandlung eintritt, so wurde aufgekocht, doch auch dann noch sind *A* und *B* gelb und wenig trübe, selbst nach Verlauf von 30 Minuten. Nun mit 10 Tropf. *Ol. Citronell.* versetzt: nach Verlauf einer Minute tritt in *B* Bräunung ein, welche schnell intensiver wird, und schon in der 5. Minute ist *B* tief dunkel blauviolett, *A* aber so gelblich wie im Anfange. Diese Farbendifferenz bleibt auch eine Stunde weiter bestehen.

Mit dieser Reaction ist die Abwesenheit des Terpentinöls mit aller Sicherheit zu erkennen. Dieses Oel erwies sich als ein adiaphorisches.

I. *Oleum Aurantii cort.* (Pomeranzenschalenöl). Harz mit 15 Tropf. Spirit. absol. aufgekocht, dann mit Oel und Chloroform versetzt und aufgekocht: *A* und *B* gelb, wenig trübe. Nach dem Erkalten mit 5 Tropf. *Ol. Citronell.* versetzt und beiseite gestellt. Das zugetropfte *Ol. Citronell.* schwimmt am Niveau der Flüssigkeiten und färbt sich blau. Geschüttelt ist *A* gelb, *B* kräftig violett. Nach 2 Minuten tritt in *A* auch violetter Ton ein und nach 5 Minuten sind *A* und *B* gleich dunkel violett. Hiernach wäre eine Verfälschung mit wenig Terpentinöl oder auch Lärchenbaumöl anzunehmen oder es ist die Kochung nicht passend, weshalb folgender Versuch:

a) Harz mit Spirit. absol. (15 Tropf.) aufgekocht, dann Oel, Amylalkohol und Petrolbenzin (von jed. 1 ccm) und 6 Tropfen *Ol. Citronell* dazu gegeben: sofort zeigt *B* violetten Farbenton an, nicht aber *A*. Da das Violett von *B* in Zeit von 1 Minute kräftigen Farbenton annimmt, in der 2. Minute rein Dunkelblau ist, *A* immer noch sein Gelb hält, so dürfte hierin genügender Beweis für die Abwesenheit von Terpentinöl zu suchen sein. Noch nach 5 Minuten ist *A* gelb ohne Zeichen einer Farbenwandlung, welche erst in der 8. Minute zum Vorschein kommt. In der 10. Minute zeigt sich ein violetter Schimmer.

Dieser letztere Modus der Reaction dürfte für dieses und die verwandten Oele als Muster aufzufassen sein. Wenn in dem Terpentinöl enthaltenden Oele die Ozonwirkung sofort eintritt, so wird sie in dem weit geringeren Lärchenbaumöl- oder Terpentinölgehalte (10 Proc.) etwa nach 1, $1\frac{1}{2}$—2 Minuten sich anmelden. Geschieht dies erst in der 5.—6. Minute, so dürfte nur ein sehr geringer Terpentinölzusatz vorliegen, etwa 3—4 Proc. Tritt die Ozonwirkung erst in der 8. bis 10. Minute ein, so kann man auch das Oel frei von Lärchenbaumöl oder Terpentinöl erklären. Ein ähnliches Verhalten bei den übrigen Aurantiaceenölen wäre in gleicher Weise zu beurtheilen, wenigstens so lange, als man diesen

Oelen den ozonoprothymen Charakter nicht völlig absprechen kann. Die folgende Sorte Oel zeigte z. B. keine Spur eines ozonoprothymen Charakters, sondern verhielt sich nur adiaphorisch.

II. *Ol. Aurant. amar. cort.* (aus guter Quelle bezogen). Harz mit 15 Tropfen Spirit. absol. aufgekocht, erkaltet mit Oel und Benzol versetzt und aufgekocht: *A* und *B* blassgelb. Da in 5 Minuten keine Farbenwandlung eintritt, so Zusatz von 5 Tropfen *Ol. Citronell.* Schon nach erster Minute trat in *B* Farbenwandlung ein und in der 10. Minute war *B* dunkelblauviolett, *A* ist noch blassgelb. Anderthalb Stunden später ist dieselbe Differenz der Farben vorhanden. Nach weiterem Verlauf von 12 Stunden zeigen *A* und *B* dieselbe Farbendifferenz, *A* ist reingelb und klar und *B* dunkelblauviolett. Dieses Oel ist also ein rein adiaphorisches.

a) Wird Harz, 15 Tropf. Spirit. absol., Oel, Benzol und 2 Tropfen *Ol. Citronellae* in den Cylinder gegeben und aufgekocht, bleibt *A* hellgelb, *B* aber wird dunkelblauviolett. Diese Farbendifferenz dauert auch nach dem Erkalten Stunden hindurch.

Mit diesem einfachen Reactionsverfahren erkennt man mit aller Sicherheit, ob das Oel von Terpentinöl frei ist oder nicht. Das vorliegende Oel enthält auch nicht eine Spur Terpentinöl oder Lärchenbaumöl.

Vergleicht man das Verhalten dieses Oeles mit dem sub I, so dürfte die Annahme eines geringen Terpentinölgehaltes in dem Oele I nur dann zulässig sein, wenn das Oel der Pomeranzenschalen nicht zu den ozonoprothymen Oelen gezählt werden könnte. Da nun ein äth. Oel in der einen Sorte zu den Ozonoprothym-Oelen, in einer anderen Sorte zu den rein Adiaphoren-Oelen gehören kann, so müssen wir der Bemerkung sub I, a auch vorläufig ein Geltungsrecht einräumen.

Oleum Aurantiorum dulcium (Apfelsinenöl) zeigt meist ein ozonoprothymes Verhalten, obgleich auch von diesem Oele

Sorten vorkommen, welche rein adiaphorisch sind. Wenn während der Reaction eine Farbendifferenz von mindestens 8 Minuten Dauer vorkommt, so sollte man das betreffende Oel als frei von Terpentinöl censiren. Dies würde natürlich nicht mehr geschehen können, wenn die Oele sub VII und VIII als normal sich verhaltende erkannt würden. Meine Vermuthung geht dahin, dass man für die Oele der Aurantiaceen häufig ein rectificirtes *Oleum Pini Laricis* (Lärchenbaumöl) verwendet, und schliesse ich mich der Ansicht an, nach welcher die Aurantiaceenöle entweder rein adiaphorische oder schwach ozonoprothyme sind. Sub III liegt ein Oel vor, welchem wahrscheinlich kein rectificirtes, sondern ein nicht-rectificirtes Lärchenbaumöl zugesetzt ist, denn das Verhalten dieses Apfelsinenöls ist ein auffallend abweichendes.

I. *Ol. Aurant. dulc.* Harz mit 15 Tropfen Spirit. absol. aufgekocht und erkaltet mit Oel, Amylalkohol und Petrolbenzin (ana 1 ccm), dann mit 5 Tropfen *Ol. Citronell.* versetzt. Da nach einer Viertelstunde kein Zeichen eines Farbenwechsels eintritt, so werden weitere 5 Tropfen *Ol. Citronell.* zugesetzt und beiseite gestellt. In der 2. Minute tritt in B violetter Ton ein und in der 3. Minute zeigt sich B im durchfallenden Lichte blassviolett, A aber noch gelb. In der 6. Minute ist A gelb mit schwachem violettem Schimmer, B violettblau, aber nicht dunkel. In der 10. Minute zeigt A immer noch gelbe Farbe mit violettem Schimmer, B aber kräftiges Violettblau. In der 15. Minute ist A gelbröthlich violett, B kräftig violettblau. Da in dieser Reaction eine über 10 Minuten dauernde Farbendifferenz stattfindet, so kann dieses Oel frei von Terpentinöl oder Lärchenbaumöl erkannt werden. Auch die folgende Reaction sub a bestätigt dieses Urtheil.

a) Harz und Oel aufgekocht und mit Chloroform kalt gemischt, A und B trübe, blass gelblich. Beiseite gestellt ist A nach 40 Minuten weissgelblich trübe, B ebenso mit schwach violettem Tone. Nach einer Stunde zeigen A und

B bläuliche Färbung. Nach Verlauf von weiteren 2 Stunden ist *A* hellblau, *B* etwas stärker blau.

Wärme ist bei einem in dieser Weise sich verhaltenden Oele zu vermeiden; wie auch folgende Reaction ergiebt:

b) Harz mit 15 Tropf. Spirit. absol. aufgekocht, erkaltet mit Oel, Benzol und 10 Tropf. *Ol. Citronell.* versetzt und beiseite gestellt. In der 3. Minute zeigt *B* violetten Ton, *A* reines Gelb, in der 6. Minute ist *B* kräftig violett, *A* gelb mit schwachem violettem Schimmer. In der 10. Minute ist *B* violettblau, *A* im durchfallenden Lichte gelb mit violettem Schimmer und in der 15. Minute zeigt *A* röthliches Violett, *B* aber dunkles Blauviolett.

Aus dieser Differenz der Farben, welche über 10 Minuten dauert, muss auf Abwesenheit von Terpentin- oder Lärchenbaumöl erkannt werden. Erst in der 25. Minute zeigte *A* ein blaues Violett.

II. *Ol. Aurant. dulc.* (alt). Oel mit Harz im Wasserbade bis 80° erhitzt: keine Färbung. Nun gelind erhitzt, so dass einige Bläschen aufsteigen, dann sofort von der Flamme entfernt. *A* zeigt gelbe, *B* aber violettblaue Färbung. Nach Zusatz von Chloroform nimmt *A* schwachen violetten Schimmer an, *B* ist violettblau. Nun aufgekocht zeigt sich *A* blassviolett, *B* aber dunkelviolett, und beim Erkalten wird *A* ebenfalls dunkelviolett.

a) Harz mit 15 Tropfen Spirit. absol. aufgekocht und erkaltet mit je 1 ccm Oel, Amylalkohol und Petrolbenzin versetzt. Da im Verlaufe einer halben Stunde kein Farbenwandel eintritt, werden 8 Tropfen *Ol. Citronell.* zugesetzt. In 10 Secunden tritt in *B* violetter Farbenton ein und in der 5. Minute ist *B* kräftig violett, während *A* noch gelb ist und nur einen röthlichen Schimmer zeigt. In der 10. Minute hat *A* schwachen violetten Schimmer angenommen, welcher im Verlaufe einer halben Stunde in Blau übergeht.

Da der gelbe Farbenton über 10 Minuten in *A* vorwaltete, so konnte dieses Oel, als ozonoprothymes betrachtet, auch als frei von Terpentinöl angenommen werden. Würde es sich später herausstellen, dass das Apfelsinenöl nur ein adiaphorisches ist, so müsste im vorliegenden Falle immer nur ein geringer Terpentinölgehalt von höchstens 5 Proc. acceptirt werden.

III. *Ol. Aurant. dulc.* Als ich zu dem mit 15 Tropfen Spirit. absol. übergossenen Harze das Oel (1 ccm) gab, bildete sich sofort eine blaue Zone und nach einigen Secunden war die ganze Flüssigkeitsschicht blau. Als ich nun (in B) das Terpentinöl eintropfte (5 Tropf.), wurde das Blau alsbald blass und ging in gelblichen Ton über, um aber bald darauf wie in A in Dunkelblauviolett überzugehen. Nun Zusatz von Benzol. Beim Stehen bildete sich nach jedesmaligem Umschütteln am Grunde eine 2 mm dicke gelbe Schicht. Dieser Reaction steht folgende auffallend entgegen:

a) Harz mit 15 Tropfen Spirit. absol. aufgekocht und erkaltet mit Oel und Benzol versetzt. Hier erfolgt keine Blaufärbung, sondern A nimmt in zwei Minuten einen braunen Farbenton an, während B gelb bleibt. Diese Differenz der Farben wäre vielleicht als Zeichen der Abwesenheit des Terpentinöls aufzufassen. Eine halbe Stunde später ist im durchfallenden Lichte A kräftig violett, B gelbbraun, später gelb. Auch diese Differenz könnte als Zeichen der Abwesenheit des Terpentinöls gelten, wenn ein Versetzen des Oels mit *Ol. Pini Laricis* nicht angenommen würde.

b) Harz mit 15 Tropfen Spirit. absol. aufgekocht, erkaltet mit Oel und Amylalkohol versetzt: A und B gelblich, A etwas mehr gelb. Beim Aufkochen wird A sofort violett, B einige Secunden später, dann sind A und B gleich dunkelblauviolett. Nun noch warm, mit 10 Tropfen Essigsäure versetzt, werden A und B gelbgrün, aber A dunkler als B. Nun mit 5 Tropfen *Ol. Citronellae* versetzt und erwärmt tritt dunkelvioletter Ton ein und beiseite gestellt geht jene Farbe durch Grün in Braun über. Ein nochmaliges Erhitzen ändert die Farbe in Gelbbraun um, in A und B von gleicher Intensität. Verfälschtes Oel liegt hier sicher vor.

Diese Reactionen lassen die Vermuthung zu, dass ein

dem Terpentinöl nahe verwandtes Oel, wie es das *Ol. Pini Laricis* ist, dem Apfelsinenöle und anderen Aurantiaceenölen zugesetzt wird. Nur dieses Lärchenbaumöl im rectificirten Zustande ist dem rectificirten Terpentinöl ähnlich, andere Pinienöle nicht, wie wir aus dem Verhalten des *Ol. Pini Pumilionis* und *Ol. Pini silvestris* entnehmen müssen. Die Apfelsinenöle sub VII und VIII, welche sich rein adiaphorisch verhalten, bestärken vorstehende Annahme.

IV. *Ol. Aurant. dulc. Messina.* Harz mit 10 Tropfen Spirit. absol. aufgekocht, dann das Oel zugesetzt und aufgekocht: *A* und *B* gelb. Nach Zusatz von Chloroform und Aufkochen sind *A* und *B* gelb, letzteres etwas dunkler. Erkaltet sind *A* und *B* gelblich trübe, auch nach einer halben Stunde. Nach Zusatz von 3 Tropf. normalem *Ol. Calami* und Aufkochen *A* blauviolett, *B* rothviolett, aber schnell blauviolett werdend etc. Hier liegt eine Verfälschung mit Terpentin- oder Lärchenbaumöl sicher vor, doch mögen noch zwei modificirte Reactionen dieses Urtheil bekräftigen:

a) Gleiche Behandlung, wie vorstehend angegeben, aber in Stelle des Chloroforms Benzol verwendet, *A* und *B* klar gelb. Erkaltet mit 2 Tropf. *Ol. Calami norm.* versetzt werden *A* und *B* alsbald violett.

b) Gleiche Behandlung, statt Benzol aber Amylalkohol angewendet. Aufgekocht, werden *A* und *B* sehr schnell gelbröthlich. Dann erkaltet mit 1 Tropf. *Ol. Calami norm.* versetzt und beiseite gestellt wird nach einer Stunde *A* violett, *B* etwas heller violett, aufgekocht *A* und *B* dunkelviolett.

Dass dieses Oel mit Terpentinöl oder Lärchenbaumöl versetzt ist, dürfte nahe liegen anzunehmen, denn zwischen diesem Apfelsinenöle und dem Terpentinöle zeigt sich in der Reaction eine überaus auffallende Coïncidenz.

V. *Ol. Aurant. dulc.* (neue Waare). Harz mit 15 Tropf. Spirit. absol. aufgekocht, erkaltet mit Oel, Benzol, Petrolbenzin (ana 1 ccm) und 10 Tropf. *Ol. Citronell.* versetzt. Als das Oel zur Harzlösung gesetzt wurde, nahm es vorübergehend violetten Farbenton an. *A* und *B* trübe gelblich, aber nach 10 Secunden zeigt *B* schon kräftiges Violettblau, während *A* blass violettblau ist, und in der 3. Minute sind *A* und *B* gleich dunkel violett.

Dass hier eine Mischung mit Terpentinöl oder Lärchenbaumöl vorliegt, unterliegt keinem Zweifel. Hätte *A* wenigstens 1 Minute gewartet, um sein Gelb in Violett zu verwandeln, so hätte man höchstens auf 3—4 Proc. Terpentinölgehalt schliessen können. Im vorliegenden Falle sind mindestens 15 Proc. des Verfälschungsöles vorhanden. Folgende Reactionen bestätigen die Verfälschung mit Terpentinöl oder Lärchenbaumöl.

a) Harz mit 15 Tropf. Spirit. absol. aufgekocht, erkaltet mit Oel und Chloroform versetzt und aufgekocht: *A* röthlich violett, *B* dunkelviolett. Von der Flamme entfernt *A* und *B* gleich dunkelviolett.

b) Harz nur mit Oel und Benzol aufgekocht: *A* und *B* weisslich milchig trübe. Noch warm mit 2 Tropf. *Ol. Citronell.* versetzt nimmt *B* sofort, *A* einige Secunden später violetten Farbenton an und nach 2 Minuten sind *A* und *B* dunkelblau.

c) 0,06 g Harz mit 1 ccm Spirit. absol. aufgekocht, dann mit 1 ccm Benzol und 1 Tropf. *Ol. Citronell.* versetzt: ziemlich klare Lösung; nun wurden in *A* 10 Tropf. des Oels, in *B* 10 Tropf. eines Gemisches aus 12 Tropf. Oel und 3 Tropf. rectif. Terpentinöl bestehend, gegeben und genügend agitirt, dann auf 40° C. erwärmt, wobei in *A* und *B* blaue Färbung gleichzeitig eintritt, und aufgekocht sind *A* und *B* dunkelblau.

d) Harz mit 20 Tropf. Spirit. absol., Oel und Petrolbenzin aufgekocht, dann erkaltet mit 5 Tropf. *Ol. Santali Occidentale* (schwaches Stimulans) versetzt: *A* und *B* gelblich, stark trübe. Da eine Veränderung nicht eintritt, so Erwärmen und auch Aufkochen; ohne Erfolg. Nach weiterem Zusatz von 5 Tropf. Santelöl und Aufkochen trat in *A* und *B* eine gleiche grünliche Färbung ein, also keine Farbendifferenz.

Also in vier verschieden ausgeführten Reactionen war keine Differenz der Färbung zu erlangen, welches Verhalten eine Verfälschung mit 15—20 pCt. Terpentin- oder Lärchenbaumöl erkennen lässt.

VI. *Ol. Aurant. dulc. rectif.* (aus sicherer Hand bezogen). Harz, 15 Tropf. Spirit. absol., (1 ccm) Oel und (1 ccm) Amylalkohol in den Cylinder gegeben und aufgekocht: A und B gelb, aber B geht erkaltend in etwas dunkleren Farbenton über, ohne jedoch an Intensität zuzunehmen. Nach 5 Minuten nochmals aufgekocht ist A gelb und etwas trübe, B hellbraun. Erkaltet nun mit 5 Tropf. *Ol. Citronell.* versetzt, wird B sofort dunkel violett, A nimmt schwachen dunkleren Ton an und erscheint blass rothbräunlich, dies 5 Minuten hindurch.

Jedenfalls enthielt das Apfelsinenöl, welches aus mehreren Sorten gemischt der Rectification unterworfen wurde, einige starke Spuren Lärchenbaumöl oder Terpentinöl, denn das nicht rectificirte Oel sub VII. bewahrte seine gelbe Farbe in A über 18 Stunden hinaus. Den vorhergehenden Reactionen gegenüber könnte man dieses Oel als ein von Terpentinöl freies erachten, was auch die folgenden Reactionen bestätigen:

a) Harz mit 15 Tropf. Spirit. absol. aufgekocht, erkaltet mit Oel und Benzol versetzt und aufgekocht: A und B blassgelb, wenig trübe. Da in B keine Bräunung in 10 Minuten eintritt, so wird nochmals aufgekocht; aber auch hiernach bleiben A und B blassgelb. Erkaltet werden 5 Tropf. *Ol. Citronell.* zugesetzt: In der 2. Minute zeigt B dunkleren Ton, welcher violetten Schimmer einschliesst, und in der 5. Minute kräftiges Rothviolett. A ist noch blassgelb. In der 10. Minute ist B dunkel blauviolett, A noch gelb und scheint nun erst seine Farbe verändern zu wollen, indem es in der 11. Minute bräunlich gelb erscheint. In der 14. Minute tritt in A violetter Ton ein, sodass es röthlich blassviolett erscheint. Bei einer 10 Minuten dauernden Differenz der Farben in *A* und *B* kann man sicher die Abwesenheit von Terpentinöl oder Lärchenbaumöl annehmen.

VII. *Ol. Aurant. dulc.* (nicht rectif.). Harz mit 15 Tropf. Spirit. absol. aufgekocht und erkaltet mit Oel und Benzol versetzt und aufgekocht: *A* und *B* kräftig gelb. Nach dem Erkalten mit 10 Tropf. *Ol. Citronell.* versetzt und beiseite gestellt. Schon in der ersten Minute tritt in *B* dunklerer Ton ein, welcher durch Braunroth in Violettroth übergeht. Nach 5 Minuten ist *B* dunkel violettroth, *A* noch gelb. In der 10. Minute ist *A* immer noch gelb, *B* aber rein dunkel violettblau. Diese Differenz ist nach 2 Stunden noch vorhanden, nur hatte *A* einen äusserst schwachen bräunlichen Schimmer angenommen, welcher erkannt wurde, wenn man die Flüssigkeit im schräg auffallenden Lichte betrachtete. Man musste *A* immer noch mit gelb bezeichnen. Nach weiteren 12 Stunden hatte *A* immer noch die gelbe Farbe, auch war es mässig trübe. Nach weiteren 3 Stunden konnte man *A* mit bräunlichgelb bezeichnen.

Hier liegt ein von Terpentinöl oder Lärchenbaumöl völlig freies Oel vor, was folgende Reaction auch bestätigt.

a) Harz, 15 Tropf. Spirit. absol., Oel, Benzol und 2 Tropf. *Ol. Citronell.* in den Cylinder gegeben und bis zum gelinden Aufkochen erhitzt. *A* ist gelb und *B* dunkel blauviolett, welche Farbendifferenz auch weiterhin dauert.

Aus diesem Verhalten dieses Oeles ersehen wir, dass das Apfelsinenöl von den anderen adiaphorischen Oelen nicht abweicht, und, wie die anderen Sorten ergeben, ein Terpentinöl- oder Lärchenbaumölzusatz kein seltener ist, vielleicht in vielen Fabriken äth. Oele sogar ein usueller.

VIII. *Ol. Aurant. dulc.* (alt). Harz mit 15 Tropf. Spirit. absol., Oel und Benzol aufgekocht: *A* und *B* gelb. Nach Zusatz von 2 Tropf. *Ol. Citronell.* keine Veränderung. Nach dem Aufkochen nimmt *B* dunkleren Ton an und auf weiteren Zusatz von 2 Tropf. *Ol. Citronell.* und Aufkochen ist *A* gelb, *B* dunkel rothviolett, welche Farbendifferenz noch eine Stunde andauert, nur wird *B* heller und nimmt mehr braunen Ton an.

Hiernach ist dieses Oel wie das sub VII. terpentinölfrei, überhaupt ein adiaphorisches und kein ozonoprothymes. Es dürfte unter Beachtung des Verhaltens der Bergamottöle die Ansicht, dass die Aurantiaccenöle Ozonoprothymöle seien, eine hinfällige bleiben.

IX. *Ol. Aurant. dulc.* Harz mit 30 Tropf. Weingeist und 1 ccm Oel übergossen: es tritt in *A* schön blaue Färbung im Verlaufe einer Minute ein, in *B* waltet mehr gelber Ton. Nach Zusatz von 1 ccm Petrolbenzin: *A* und *B* blau. Nun aufgekocht *A* carminröthlich, *B* dunkelblau. Im durchfallenden Lichte zeigt *A* gelblichen Ton. Nach $1/2$ Stunde ist *A* mehr gelb. *A* und *B* bilden am Boden der Cylinder eine grelle gelbe Schicht (ähnlich wie sub III.).

a) Harz mit 15 Tropf. Spirit. absol. aufgekocht und dann erkaltet mit Oel versetzt. Hier erfolgt keine Blaufärbung, *A* und *B* sind gelb, *A* etwas dunkler. Nach Zusatz von Benzol und Aufkochen *A* dunkelblau, *B* gelbbraun in Violett übergehend und nach 3 Minuten dunkelviolett.

b) Harz mit 15 Tropf. Spirit. absol. und Oel übergossen zeigt nach 2 Minuten *A* blauen, *B* gelblich violetten Ton, auch nach Zusatz von Benzol. Aufgekocht zeigt *A* dunkelblaue, *B* etwas hellere blauviolette Farbe.

Diese Reactionen lassen die Gegenwart des Terpentinöls oder Lärchenbaumöls annehmen. Unter 9 Sorten Apfelsinenöl wurden also nur 2 (sub VII u. VIII) als unverfälschte erkannt.

Oleum Aurantii florum, Ol. Neroli. Harz mit 16 Tropf. Spirit. absol., Oel und Benzol aufgekocht: *A* und *B* gelb. Da Veränderung nicht eintritt, so Zusatz von 2 Tropf. *Ol. Citronell.* und Aufkochen: *A* und *B* gelb. Da noch keine Wandelung eintritt, so nochmals Zusatz von 2 Tropf. *Ol. Citronell.* Jetzt zeigt *B* Annahme violetten Tones, aber auch *A*, wenn auch in schwächerer Intensität, denn Gelb ist noch vorherrschend. Nun aufgekocht: *A* gelb mit schwachem violettem Schimmer, *B* kräftig, fast dunkel rothviolett, bläulichen Ton annehmend. Im durchfallenden Lichte zeigt *A* blasses Rosenroth mit gelbem Schimmer, *B* bläuliches Violett.

Nach einer halben Stunde ist *A* gelb mit röthlichem Schimmer, *B* violett und durchsichtig. Eine Stunde später ist *A* kräftig gelb, *B* hell bläulich violett.

Diese Farbendifferenz und die Dauer derselben deutet auf Abwesenheit jenes Apfelsinenöls, welches mit *Ol. Pini Laricis* oder rectif. Terpentinöl verfälscht ist. Eine Verfälschung mit Terpentinöl kommt beim Neroliöl nicht vor und die minderen Sorten Neroliöl sind nur Gemische von gutem echten Pomeranzenblüthenöl mit Apfelsinenöl oder Petit-Grains-Oel. Diesen Umstand wolle man beim Einkauf dieses Oels stets beachten.

I. *Oleum Bergamottae (Messina)*. Harz mit 10—12 Tropf. Spirit. absolut. aufgekocht, dann das Oel (1 ccm) und zwei Tropfen *Ol. Citronellae* dazugegeben. *A* und *B* stark gelb. Aufgekocht *A* gelb, *B* durch Violett in kräftiges Olivengrün übergehend. Nach Zusatz von Chloroform (1 ccm) und Aufkochen: *A* gelb, *B* grün mit bläulichem Schimmer. Diese Farbendifferenzen ergeben auch die folgenden Reactionen:

a) Harz mit 10 Tropfen Spirit. absol. aufgekocht, dann Oel (1 ccm), 2 Tropfen *Ol. Citronellae* und Benzol (1 ccm) dazugesetzt, also kalte Mischung: *A* und *B* sehr milchig trübe, gelb. Schäumend aufgekocht: *A* und *B* trübe gelb, es nimmt aber *B* sofort violetten Ton an und wird kräftig grün, während *A* gelb bleibt. Nochmals aufgekocht dieselbe Farbendifferenz.

b) Harz mit 10 Tropfen Spirit. absol. aufgekocht, mit Oel versetzt und aufgekocht, dann Chloroform dazugegeben und wieder aufgekocht: *A* und *B* gelb, erkaltet trübe, gelb. Nun mit 2 Tropfen *Ol. Calami normale* gemischt und aufgekocht, *A* und *B* gelb. Der noch warmen Flüssigkeit weitere 2 Tropfen *Ol. Calami* zugemischt und wieder aufgekocht: *A* gelb, *B* gelb, aber sofort einen dunkleren Farbenton annehmend, daher in 2 Minuten kräftig braungelb. Nach 16 Stunden *A* und *B* braungelb, *B* etwas dunkler. Aufgekocht *A* gelb, *B* durch Violett in Braungrün übergehend.

c) Harz, Oel und Amylalkohol kalt gemischt und

erhitzt. Bei 95° C. wird *A* kräftig gelb, bräunlichgelb, *B* braun. Nach dem Erkalten aufgekocht, mit 10 Tropf. Spir. absol. versetzt und nochmals aufgekocht: *A* braungelb, *B* braun. Beiseite gestellt nach 20 Stunden *A* grünlichgelb, *B* gesättigt grün mit violettem Anstrich.

Diese Differenzen in der Färbung der Proben *A* und *B* lassen die Abwesenheit des Terpentinöls mit aller Sicherheit erkennen.

Auffallend ist es, dass Bergamottöl, obgleich auch ein Aurantiaceenöl, sich nicht oder höchst unbedeutend ozonoprothym verhält, wodurch es sich besonders vom Apfelsinenöl unterscheidet. Damit dürfte die Verwendung von Lärchenbaumöl als Vermehrungsmittel der Aurantiaceenöle an Wahrscheinlichkeit gewinnen.

II. *Oleum Bergamottae Calabricum.* Harz, Oel und Chloroform kalt gemischt und beiseite gestellt. Keine Farbendifferenz. Nun eine Viertelstunde bei 60—70° C. erwärmt: *A* gelb, *B* grünlichgelb. Beiseite gestellt, nach einer Stunde aufgekocht, — nach einer weiteren Stunde wieder aufgekocht: *A* gelb, *B* grün. Dieselbe Farbendifferenz bleibt bestehen bei wiederholtem Aufkochen; es ist also das Oel frei von Terpentinöl oder Lärchenbaumöl.

a) Harz mit 10 Tropfen Spirit. absol. aufgekocht, mit Oel und Petrolbenzin versetzt (milchig trübe Mischung) und aufgekocht: milchig trübe Flüssigkeit, beim Erkalten gelb werdend. Völlig erkaltet mit 5 Tropfen *Ol. Citronellae* versetzt und beiseite gestellt. In 15 Minuten *A* unverändert gelb und milchig trübe, *B* rothviolett und trübe. Nun aufgekocht *A* gelb und *B* dunkelrothviolett.

Die Prüfung mit Petrolbenzin ist somit die kürzeste und sicherste, doch möge folgende kurze Methode der Reaction einen Platz erhalten.

b) Harz mit 15 Tropfen Spirit. absol. aufgekocht, erkaltet mit dem Oele versetzt und aufgekocht: *A* und *B* kräftig gelb. Nach Zusatz von Benzol, Aufkochen und Erkalten werden, weil keine Veränderung der Farbe eintritt,

10 Tropfen *Ol. Citronell.* zugesetzt. Nun beiseite gestellt, nimmt *B* sofort dunklen Ton an, es ist in der ersten Minute schon kräftig gelbbraun, in der 2. Min. dunkelbraunrothviolett und in der 4. Min. undurchsichtig und höchstdunkelviolett, während *A* goldgelb und ziemlich klar oder kaum trübe ist. In der 8. Minute zeigt *A* ein Dunkelwerden und in der 10. Minute ein Braungelb ohne violetten Schimmer.

Somit ist auch hier eine Farbendifferenz vorhanden, welche die Abwesenheit von Terpentinöl oder Lärchenbaumöl annehmen lässt. Statt 10 Tropfen *Ol. Citronellae* hätten 5 Tropfen der Reaction besser genügt, wie es auch folgende Reaction ergiebt.

c) Harz, 15 Tropfen Spirit. absol., Oel und Benzol in den Cylinder gegeben, aufgekocht, erkaltet mit 5 Tropfen *Ol. Citronell.* versetzt und beiseite gestellt. In einer Minute zeigt *B* Dunkelwerden, in der 5. Min. kräftiges Gelbbraun mit violettem Schimmer, in der 10. Min. dunkles Braunviolett und Undurchsichtigkeit. *A* ist noch rein gelb und dies auch noch in der 15. Minute. In der 25. Min. ist *B* dunkelblauviolett, *A* gelb mit röthlichem Schimmer.

Hier in dieser Reaction ist also das Richtige getroffen und die Abwesenheit des Terpentinöls bescheinigt.

III. *Ol. Bergamottae* (altes). Harz, Oel und Chloroform in den Cylinder gegeben und bis auf 65° C. erwärmt: *A* gelb, *B* kräftig violett, welche Farbendifferenz auch noch nach einer halben Stunde besteht. Nach einer Stunde hat *A* einen röthlichgelben Farbenton angenommen.

Das Resultat dieses einfachen Vorganges genügt, die Abwesenheit des Terpentinöls oder Lärchenbaumöls zu constatiren. Jedenfalls ist das Alter des Oels die Ursache, dass sich dieses Oel stimulatorisch wirkend zeigte.

IV. *Ol. Bergamottae* (aus einer Apotheke entnommen). Harz mit 15 Tropfen Spirit. absol. aufgekocht, erkaltet mit Oel, Benzol und 10 Tropfen *Ol. Citronell.* versetzt und beiseite gestellt. *A* und *B* gelb, aber nach 2 Minuten tritt in *B* Farbenwandlung ein, und nach 6 Minuten ist *B* schon dunkelviolett, *A* jedoch gelb. In der 10. Minute zeigt *B* dunkles Blauviolett. Erst nach 20 Minuten nimmt *A* kräftigeres Gelb an, sich etwas bräunend, nach 30 Minuten bräunlichgelb.

Hiernach muss dieses Bergamottöl als ein von Terpentinöl völlig freies erachtet werden.

V. *Ol. Bergamottae* (aus guter Hand bezogen). Harz, 15 Tropfen Spirit. absol., Oel, Benzol und 4 Tropfen *Ol. Citronell.* in den Cylinder gegeben und gelind aufgekocht: *A* gelb, *B* alsbald dunkelblauviolett, welche Farbendifferenz auch weiterhin dieselbe bleibt, denn nach zwei Stunden ist *A* im durchfallenden Lichte noch gelb, nur etwas dunkler.

Dieses Oel ist somit sicher frei von Terpentinöl oder Lärchenbaumöl, was auch folgende Reaction bestätigt.

a) Wurde die vorstehende Reaction ohne Zusatz der 15 Tropfen Spirit. absolut. ausgeführt, so resultirten milchig trübe Flüssigkeiten und es waren *A* hell lilafarben und *B* dunkelblau. Diese Differenz der Farben war noch nach 12 Stunden dieselbe.

b) Wurde in Stelle des Benzols wasserfreier Weingeist angewendet, so resultirte eine Minute nach der Kochung: *A* mit sehr dunkler gelbbrauner, violettschimmernder Farbe, *B* mit dunkelblauvioletter Farbe. Diese Minderdifferenz der Färbungen zeigt an, den Weingeist als Verdünnungsmittel nicht anzuwenden.

Diese 5 Sorten Bergamottöl bezeugen, dass die Aurautiaceenöle nicht ozonoprothyme sind.

Oleum Bucco s. *Barosmae fol.* (Bukkublätteröl). Harz, 15 Tropf. Spirit. absol., Oel und Benzol in den Cylinder gegeben und aufgekocht: *A* und *B* gelb. Dieses Oel ist also ein adiaphorisches. Da nach einer Viertelstunde keine Farbenwandlung eintritt, so Zusatz von 10 Tropf. *Ol. Citronell.* Nach einer halben Minute zeigt *B* Farbenwechsel, indem es bräunlichen Ton annimmt, und nach 5 Minuten ist es schon kräftig braunviolett, *A* rein gelb. Nach 10 Minuten ist *B* dunkelblauviolett und *A* rein gelb, welche Farbendifferenz Stunden hindurch anhält und die Abwesenheit des Terpentinöls anzeigt.

a) Harz, 15 Tropfen Spirit. absol., Oel, Benzol und 4 Tropfen *Ol. Citronell.* aufgekocht, bis B Farbe wechselt, dann von der Flamme entfernt zeigt B im Verlaufe einer Minute dunkles Blauviolett, A ist aber gelb und bewahrt diese Farbe noch Stunden hindurch.

Dieses Oel ist sonach total frei von Terpentinöl.

I. *Oleum Cajeputi viride* (Kajeputöl). Harz mit Oel übergossen und auf 70° erhitzt: A gelb, B grünlichblau. Nach Zumischung von Chloroform auf 60—70° erhitzt: A röthlichgelb, B tiefblau. Dieses Oel ist also ein stimulatorisches. Die Farbendifferenz beweist die Abwesenheit des Terpentinöls.

a) Harz mit 10 Tropfen Spirit. absol. aufgekocht, erkaltet mit Oel und Petrolbenzin versetzt und aufgekocht. A lehmfarben, milchig trübe, B dunkelblauviolett.

II. *Ol. Cajeputi viride* (frisch aus guter Hand bezogen). Harz, 15 Tropfen Spirit. absol., Oel und Benzol in den Cylinder gegeben und aufgekocht: A gelb, B dunkelviolettblau, welche Farbendifferenz stundenlang anhält.

Cajaputöl ist somit ein stimulatorisches Oel, wie die Reactionen sub I und II erkennen lassen. Beide Oele zeigen sich also völlig frei von Terpentinöl.

I. *Oleum Cajeputi rectificatum.* Harz mit 10 Tropfen Spirit. absol. aufgekocht, alsbald mit Oel und Chloroform versetzt und aufgekocht. Erkaltend A und B trübe und gelb. Erkaltet mit 2 Tropfen *Ol. Citronell.* versetzt und aufgekocht: A und B gleich dunkelviolett.

a) Harz mit Oel aufgekocht, A und B trübe gelblich. Nach Zusatz eines Tropfens *Ol. Citronell.* und Aufkochen A und B durch violett in blassgrün übergehend. Nach Zusatz von Benzol trübe, blassgrünlich. Beim Aufkochen A ziemlich klar, B trübe, A Blassgrün mit violettem Schimmer, B gelbgrünlich. Nochmals aufgekocht B mehr gelber geworden. Noch 1 Tropfen *Ol. Citronellae* zugesetzt und aufgekocht:

A violett, *B* violett, im durchfallenden Lichte mit vorwaltendem Gelb.

Nach diesen Reactionen muss auf eine Verfälschung mit Terpentinöl erkannt werden oder die auf Seite 8 gemachte Bemerkung über das Rectificiren der äth. Oele ist auf dieses Kajeputöl anzuwenden. Zur Sicherung des Urtheils noch folgende Probe:

b) Harz mit 10 Tropfen Spirit. absol. aufgekocht, erkaltet mit Oel und Petrolbenzin gemischt, dann erwärmt. Bei 65° findet Sieden statt, aber *A* und *B* sind gelb und sehr trübe. *A* hat einen schwachen stärkeren Farbenton. Erkaltet mit 5 Tropfen *Ol. Citronell.* versetzt und aufgekocht *A* gelb, *B* setzt sofort violetten Ton an. In der 2. Minute folgt *A* mit dem Farbenwechsel und in der 3. Minute ist *B* dunkelbräunlich violett, *A* ebenso farbig, nur etwas heller.

Damit ist die Gegenwart von Terpentinöl constatirt.

II. *Ol. Cajep. rectif.* Harz mit Oel aufgekocht. *A* und *B* gelb. *A* bedeutend weniger trübe als *B*, welches milchig trübe ist. Amylalkohol zugesetzt: *A* und *B* klar und gelb. Beim Aufkochen nimmt *A* schwachen, *B* stärkeren violetten Ton an. Von der Flamme entfernt: *A* gelb, in hellbraunen Ton übergehend, *B* violett, schnell in dunkler braunen Ton übergehend. Nochmals aufgekocht: *A* braungelb, *B* gelblichbraun. Nach Zusatz eines Tropfens *Ol. Citronell.* zur warmen Flüssigkeit tritt ein Dunklerwerden ein, *A* hellbraun mit entferntem violetten Schimmer, *B* braunviolett.

a) Harz, Oel und ein Tropfen *Ol. Citronell.* aufgekocht, *A* und *B* etwas trübe und kräftig gelb. Zur so heissen Flüssigkeit Chloroform zugesetzt, dass ein Aufkochen stattfindet, wird *A* gelb und nimmt dann allmählich violetten Ton an, *B* ist dagegen alsbald kräftig violett.

b) Harz und Oel aufgekocht, *A* und *B* trübe, gelblich. Nach Zusatz von Benzol *A* und *B* trübe, gelblich. Durch Aufkochen keine Veränderung. Zur heissen Flüssigkeit 2 Tropfen *Ol. Citronell.* zugesetzt, und weil keine Veränderung eintritt, aufgekocht. Jetzt zeigt sich *A* trübe gelb, *B* auch trübe gelb, aber bald violetten Schimmer annehmend. Nach 2 Minuten *B* blassviolett, *A* gelb; nach 2 Stunden *A* gelblich blassviolett, *B* kräftig violett.

Aus allen diesen Reactionen lässt sich nicht mit Sicherheit die Abwesenheit des Terpentinöls behaupten. Ein geringer Gehalt an diesem Oele ist anzunehmen, denn auch die Probe mit Petrolbenzin gab nur insofern eine Farbendifferenz, als *A* etwas heller und röthlich, *B* dunkel und blauviolett war.

Auffallend ist es, dass das nicht rectificirte Kajeputöl stimulatorisch wirkt, während das rectificirte Oel auch nicht eine Spur dieser Eigenschaft erkennen lässt.

c) Harz, Oel und 15 Tropf. Spirit. absol. in den Cylinder gegeben und aufgekocht: *A* und *B* rein gelb. Erkaltet mit Amylalkohol und 10 Tropf. *Ol. Citronell.* versetzt. Nach Verlauf einer Minute nimmt *B*, dann *A* Farbenwechsel an und gehen beide in blaues Violett über, *B* ist nur dunkler an Farbe. In der 5. Minute sind *A* und *B* blauviolett, *B* etwas dunkler.

Mit dieser Uebereinstimmung der Farben ist der Beweis eines Terpentinölgehaltes mit aller Sicherheit geliefert.

III. *Ol. Cajeputi rectif.* (aus guter Hand bezogen). Harz mit 15 Tropf. Spirit. absol., Oel und Benzol aufgekocht: *A* und *B* gelb. Da auch im Verlaufe einer Viertelstunde kein Farbenwechsel eintritt, so Zusatz von 2 Tropf. *Ol. Citronell.* und nochmaliges Aufkochen: *A* gelb und *B* dunkel blauviolett. Diese Farbendifferenz bleibt stundenlang bestehen.

Dieses Oel ist also frei von Terpentinöl. Diese Reaction zeigt deutlich, dass rectif. Cajeputöl sich adiaphorisch verhält, und zwischen nichtrectificirten und rectificirten Oelen bedeutende Unterschiede walten.

IV. *Ol. Cajep. rectif.* Harz mit Oel aufgekocht, *A* und *B* gelb. Nach Chloroformzusatz aufgekocht. Keine Veränderung in der Farbe. Nun wurde nochmals aufgekocht und beiseite gestellt. Nach 12 Stunden bilden *A* und *B* eine untere gelbe und obere violette Schicht. Agitirt erscheinen *A* und *B* schwach violett. Nun aufgekocht ist *B* etwas dunkler violett als *A*. Diese Reaction deutet auf Terpentinölgehalt, wesshalb zur folgenden Reaction geschritten wurde.

a) Wird Harz mit Oel aufgekocht, so ist anfangs *A* fast klar und gelb, *B* trübe und grünlichgelb. Auch nach Zusatz von Benzol ist *A* fast klar und gelb, *B* aber sehr trübe. Nach dem Aufkochen erscheint *A* blassviolett mit gelblichem Tone und *B* ziemlich dunkelviolett. Nochmals aufgekocht werden die Farben dunkler und sind *A* und *B* violett von gleicher Farbenintensität. Dieses Oel schliesst also einen geringen Terpentinölgehalt ein. Auch noch einige andere Modificationen der Reaction z. B. mit Petrolbenzin ergaben ähnliche Resultate.

I. *Oleum Calami* (Kalmusöl). Harz mit Oel aufgekocht, *A* gelb, *B* dunkel violettblau. Diese Farbendifferenz verbleibt auch nach Zusatz von Chloroform und nach dem Aufkochen. Dieses Oel wendete ich mehrmals als stimulatorisches Oel an und bezeichne es daher als *Oleum Calami normale*.

II. *Ol. Calami* (nicht alt). Harz und Oel aufgekocht: Harz wird gelöst. *A* und *B* gelb. Nach Zusatz von 2 Tropf. *Ol. Citronellae* und Aufkochen: *A* gelb mit schwachem violettem Schimmer, *B* blauviolett. Dieses Oel ist also in Rücksicht auf diese Farbendifferenz, welche noch 1 Stunde andauert, frei von Terpentinöl.

III. *Ol. Calami* (neue Waare). Harz mit Oel schwach erhitzt: *A* gelb, *B* violett. Aufgekocht *A* und *B* goldgelb und heiss klar (Harz ist völlig gelöst). Zur heissen Flüssigkeit Chloroform zugesetzt erfolgt sofort bei *B* dunkle rothviolette Färbung, während *A* gelb ist, aber nach einer Minute einen röthlichen Schimmer annimmt, also röthlich gelb erscheint. Nach dem Erkalten aufgekocht zeigt *A* wieder Goldgelb und *B* geht im Verlaufe einer halben Minute aus dem Dunkelviolett in Gelbroth über. Erkaltet mit 5 Tropf. *Ol. Citronell.* versetzt wird *A* röthlich gelb, *B* dunkelviolett.

Diese Farbendifferenzen genügen, um die Abwesenheit

von Terpentinöl anzunehmen. Um nun sicheres Resultat auch in anderer Weise zu erlangen, wurden folgende Reactionswege eingeschlagen:

a) Harz mit 10 Tropf. Spirit. absol. aufgekocht, mit je 1 ccm Oel, Benzol und Petrolbenzin versetzt und aufgekocht: A und B etwas trübe und gelb. Nach dem Erkalten mit 10 Tropf. *Ol. Citronell.* versetzt und beiseite gestellt: A gelb, aber B nimmt sofort dunklere Farbe an und ist nach einer halben Minute kräftig roth. Nach 2 Minuten zeigt A noch dasselbe Gelb, während B ein dunkeles Kirschroth angenommen hat. In der 10. Minute hat das Gelb von A röthlichen Schimmer angenommen, aber B ist tief dunkel violett.

Diese Farbendifferenz dürfte genügen, reines Oel zu erkennen.

b) Harz mit 10 Tropf. Spirit. absol. aufgekocht, dann mit Oel, Petrolbenzin und 3 Tropfen *Ol. Citronellae* versetzt und aufgekocht: A und B sehr trübe lehmfarben. Nach wenigen Minuten ist A etwas kräftiger gelb oder röthlich gelb, B zeigt röthliches Violett. Eine gewisse Verwandtschaft der Farben in A und B ist vorhanden, A nur bedeutend heller an Farbe als B. Nach Zusatz von noch 3 Tropfen *Ol. Citronellae* und Aufkochen A braunviolett, B blauviolett. A nimmt an Farbe zu und nimmt blauen Farbenton an und ist schliesslich so dunkel wie B.

Mit dieser Reaction, in welcher die Differenz nur in braunviolett und blauviolett besteht, könnte auf die Gegenwart von Terpentinöl geschlossen werden. Um sicheren Schluss zu erlangen, möge vorstehende Probe eine andere Form erhalten:

c) Harz mit Oel aufgekocht. Die Farbe des Oels geht durch Violett in Gelb über. Zusatz von 10 Tropf. *Ol. Citronellae* und Aufkochen lassen das Oel gelb. Auf Zusatz von 1 ccm Petrolbenzin findet Ausscheidung des Harzes statt; auch trotz Aufkochens. Nun noch mit 5 Tropf. *Ol. Citronell.* und 1 ccm Amylalkohol versetzt und aufgekocht. A und B sehr klar, A gelb, B nimmt violetten Ton an und nach 5

Minuten sind *A* bräunlich gelb und *B* bläulich grün, welche Farbendifferenz das reine Oel erkennen lässt.

d) Harz, die übliche Quantität, dann Oel, A m y l a l k o - h o l und P e t r o l b e n z i n (ana 1 ccm) in den Cylinder gegeben und aufgekocht, *A* klar und goldgelb, *B* klar und bräunlich roth, nach 2 Minuten *A* kräftig gelb, *B* blutroth mit violettem Stiche, nach dem völligen Erkalten gleiche Farbendifferenz bewahrend, nur in *A* stellt sich röthlicher Schein ein.

Diese letztere Probe sub d) ist wohl die beste und einfachste. Als nach dem Erkalten noch 10 Tropf. *Ol. Citronell.* zugesetzt wurden, erfolgte beim Aufkochen bei *A* gelbbraune, bei *B* dunkel violettblaue Färbung. Beiseite gestellt ist nach $^1/_2$ Stunde *A* gelbroth, *B* dunkel blauviolett.

Die in den 5 Reactionen gewonnenen Resultate bestätigen die Abwesenheit des Terpentinöls mit aller Sicherheit.

IV. *Ol. Calami* (neue Waare). Harz mit 15 Tropf. Spirit. absol., Oel und B e n z o l aufgekocht: *A* und *B* gelb. Da auch im Verlaufe einer halben Stunde keine Farbenwandlung eintritt, so Zusatz von 2 Tropf. *Ol. Citronell.* und nochmaliges Aufkochen. *A* gelb, *B* höchst dunkelblau violett. Nach einer Viertelstunde zeigt *A* etwas dunkleren Ton, etwa bräunlich gelb, welcher aber 2 Stunden weiterhin unverändert bleibt.

Dieses Oel ist somit völlig frei von Terpentinöl.

V. *Ol. Calami rectif.* (aus guter Hand bezogen). Harz mit 15 Tropf. Spirit. absol., Oel und B e n z o l aufgekocht: *A* und *B* gelb. Da im Verlaufe einer Viertelstunde kein Farbenwandel eintritt, so Zusatz von 2 Tropf. *Ol. Citronell.* und nochmaliges Aufkochen: *A* gelb, *B* tief dunkelblauviolett. Bald darauf nimmt *A* mehr bräunlichen Ton an und ist nach Verlauf von 2 Minuten braungelb, welcher Farbenton aber über eine halbe Stunde anhält.

Hiernach muss das Oel als frei von Terpentinöl angesehen werden, denn der braune Ton in *A* scheint eine Eigenthümlichkeit manchen Kalmusöls zu sein.

I. *Oleum Carvi* (Kümmelöl). Harz und Oel aufgekocht, dann mit Chloroform versetzt und aufgekocht: *A* und *B* zeigen einen gleichen violetten Farbenton. Nach 12 Stunden hatte sich keine Differenz eingefunden, auch nicht nach nochmaligem Aufkochen. Ein Terpentinölgehalt liegt hier sicher vor. Man vergl. auch die Notiz sub Carven, S. 51.

II. *Ol. Carvi* (2—3 Jahre alt). Harz mit 15 Tropf. Spirit. absol., Oel und Benzol aufgekocht: *A* und *B* rein gelb. Da keine Farbenveränderung im Verlaufe einer halben Stunde eintritt, so Zusatz von 8 grossen Tropf. *Ol. Spicae*, welches sich als schwach stimulatorisches Oel ergab, und dann schäumendes Aufkochen: *A* gelb, *B* mässig violett, welche Differenz 10 Minuten andauerte, nach welcher Zeit *B* blasser geworden ist. Diese Differenz dürfte genügen, die Abwesenheit des Terpentinöls zu erkennen. Wurden noch 5 Tropf. Spiköl zugesetzt und aufgekocht, so zeigten *A* und *B* eine gleich dunkle blauviolette Färbung. Vgl. sub V, S. 51.

a) Harz mit 15 Tropf. Spirit. absol., Oel und Amylalkohol aufgekocht, ergaben in *A* und *B* braunviolette Flüssigkeiten, welche in einer Minute gelbbraune Farbe annahmen, und nach einer halben Stunde gelb sind. (Der Vorgang ist derselbe bei Anwendung von Chloroform.) Nun mit 3 Tropf. *Ol. Citronell.* versetzt, tritt keine Veränderung ein, auch nicht im Verlaufe einer halben Stunde. Dann auf 50^0 erwärmt wird *B* dunkel violett, *A* braun. Nach 10 Minuten ist *A* gelbbraun, *B* braunviolett, also immer Differenzen der Färbungen. Später werden *A* und *B* wieder bräunlich gelb. Dieses letztere Verhalten lässt eine antiozonoprothyme Eigenschaft dieses Kümmelöls erkennen.

b) Harz mit 15 Tropf. Spir. absol., Oel, Benzol und 1 Tropf. *Ol. Citronell.* aufgekocht: *A* gelb, *B* violett. Wenn *A* auch bald violetten Schimmer annimmt, so zeigt es im durchfallenden Lichte (gegen den Himmel gehalten) gelbe, *B* aber violette Färbung. Diese Differenz hat nicht Bestand und in 10 Minuten sind *A* bräunlich gelb, *B* gelbbraun. Nun auf 55^0 erwärmt, hat *B* wieder violetten Ton angenommen und *A* ist gelbbraun geworden. Hierauf auf 60° erhitzt: *A* braun, *B* violett.

Nach diesen Differenzen der Färbungen muss das Kümmelöl als frei von Terpentinöl angenommen werden.

III. *Ol. Carvi recentius.* Harz mit 10 Tropf. Spirit. absol. aufgekocht. Nach dem Erkalten mit Oel und Chloroform gemischt, dann aufgekocht: *A* und *B* gelb. 2 Tropf. *Ol. Calami normale* zugesetzt und aufgekocht. In der ersten Minute *A* gelb, *B* violettblau, in der 3. Min. *A* gelblich roth, *B* kräftig violettblau, welche Farbendifferenz noch eine halbe Stunde weiter besteht.

Somit ist dieses Kümmelöl als frei von Terpentinöl zu censiren.

IV. *Ol. Carvi* (aus guter Hand). Harz mit 15 Tropfen Spirit. absol., Oel und Benzol aufgekocht: *A* und *B* rein gelb, auch nach Verlauf einer halben Stunde. Desshalb mit 2 Tropf. *Ol. Citronell.* versetzt und wieder aufgekocht: *A* gelb, *B* dunkel blauviolett, welche Farbendifferenz noch zwei Stunden weiter besteht, *A* nimmt nur etwas bräunlichen Ton an.

Es ist also dieses Kümmelöl völlig frei von Terpentinöl.

V. *Carvolum* (Carvol). Harz mit 15 Tropf. Spirit. absol., Carvol und Benzol aufgekocht: *A* und *B* gelb. Nach Zusatz eines Tropf. *Ol. Citronell.* wieder aufgekocht: *A* bräunlich-gelb, *B* bräunlich-violett. Noch 1 Tropf. Citronellöl zugesetzt und aufgekocht: *A* braunviolett, *B* bläulich violett und dunkler als *A*, später braun. Auf 50° C. erwärmt *A* bräunlich mit violettem Schimmer, *B* blauviolett, welche Differenz eine Viertelstunde andauert, denn dann zeigen *A* und *B* eine gleiche bräunlich gelbe Färbung. Auf 60° C. erhitzt zeigt *A* wieder braune Färbung mit violettem Schimmer, *B* blauviolette Färbung. Aufgekocht sind *A* und *B* gleich violett mit blauem Tone, aber nach 15 Minuten zeigen beide braungelbe Farbe. Carvol verhält sich sonach antiozonoprothym.

Obgleich eine Verfälschung des Carvols mittelst Terpentinöls nicht vorkommen dürfte, so giebt diese Reaction ein Muster für die Prüfung des Kümmelöls, z. B. sub II.

VI. *Carvén*. Harz mit 15 Tropf. Spirit. absol., Carven und Benzol aufgekocht: *A* und *B* gelb. Mit 2 Tropf. *Ol. Citronell.* versetzt und wieder aufgekocht: *A* bräunlich gelb, *B* violett. Nach 2 Minuten ist *A* gelbbraun, *B* bräunlich dunkelviolett. Nochmals aufgekocht sind *A* und *B* sehr dunkelfarbig, lassen aber nach einigen Minuten in *A* braunen, in *B* blauvioletten Ton erkennen.

Ein Terpentinölgehalt liegt also hier sicher nicht vor.

a) Harz mit 15 Tropf. Spirit. absol., Carven, Benzol und 8 Tropf. *Ol. Spicae* aufgekocht. *B* nimmt bald violette Farbe an während des Kochens, *A* aber gelbe Farbe, um nach dem Kochen sofort durch hellblauviolett in dunkelviolett überzugehen, nach Verlauf einer Viertelstunde aber zeigt *A* bräunliches, *B* bläuliches Violett im durchfallenden Lichte.

Dass man das bei der Carvolbereitung gesammelte Carven zum Versetzen des Kümmelöls verwendet, scheint vorzukommen, z. B. enthält das *Ol. Carvi* sub I vielleicht nur sehr wenig Terpentinöl, aber eine reichliche Menge Carven. Das Verhalten des Oels deutet auf diesen Umstand einigermaassen hin.

I. *Oleum Caryophyllorum* (Gewürznelkenöl, Nelkenöl). Oel mit Harz aufgekocht. Schon bei Beginn des Erhitzens wird *B* violett. Aufgekocht: *A* gelb, *B* dunkel violettroth, alsbald in dunkel-braunviolett übergehend. Mit Chloroform gemischt: *A* gelb, *B* feurig himbeerroth. Beim Aufkochen wird *B* etwas heller. Nelkenöl ist also ein stimulatorisches Oel.

Diese Verschiedenheit der Färbungen zeigen die Abwesenheit des Terpentinöls sicher an.

II. *Ol. Caryophyll.* (naturell). Harz mit 15 Tropf. Spirit. absol., Oel und Benzol aufgekocht: *A* gelb, *B* dunkelviolett, welche Farbendifferenz auch weiteren Bestand zeigt, nur ist nach einer Stunde das Violett von *B* in Braunroth übergegangen.

Sonach ist die Anwesenheit von Terpentinöl ausgeschlossen.

III. *Ol. Caryophyll. rectif.* wurde wie sub II. behandelt. Nach dem Aufkochen sind *A* und *B* gelb. Nochmals aufgekocht: ein gleiches Resultat. Nun noch warm mit 2 Tropf. *Ol. Citronell.* versetzt, bleibt *A* gelb, *B* wird aber sofort tief dunkelviolett, welche Farbendifferenz weiteren Bestand zeigt.

Terpentinöl ist also nicht in diesem Nelkenöle vorhanden. Während sich die Oele sub I und II als stimulatorische erwiesen, zeigt sich das rectificirte Oel als ein adiaphorisches. Hier haben wir wieder einen Beweis für die Behauptung, dass durch Rectification die äth. Oele eine Veränderung erleiden.

I. *Oleum Cascarillae* (Kaskarillöl). Oel mit Harz aufgekocht: *A* und *B* gelblich. Nach Zusatz von Benzol zweimal im Verlaufe einer Viertelstunde aufgekocht, ist *A* hellgelb, *B* braungelb in bläulich-violett übergehend. Beiseite gestellt ist nach 12 Stunden *A* rein gelb, *B* grüngelb. Diese Farbendifferenzen sind sichere Zeichen von der Abwesenheit des Terpentinöls.

II. *Ol. Cascarill.* (neu). Harz mit Oel aufgekocht: *A* und *B* lilafarben, milchig trübe, alsbald violetten Schimmer annehmend und dunkel werdend. Mit Amylalkohol gemischt: *A* und *B* klar und bräunlich gelb. Während des Aufkochens gehen beide durch Dunkelviolett in braungelb über und von der Flamme entfernt, wandelt sich das Braungelb in Braun mit violettem Schimmer um. Hier bleibt also jede Differenz der Färbung aus. Nach einer Stunde *A* und *B* braungelb.

Da auch dieses Oel auf Jod gegossen sich stark erhitzt und nur wenig Dampf entwickelt, so ist eine kleine Menge, etwa 5 Proc. *Ol. Terebinthin.* im Oele anzunehmen. Doch zur Bestätigung dieser Annahme möge ein anderes Reactionsverfahren Platz erhalten:

a) Harz mit 10 Tropf. Spirit. absol. aufgekocht und erkaltet mit Oel und Benzol versetzt: *A* und *B* gelb und wenig trübe. Kurz aufgekocht: keine Veränderung. Erkaltet mit 4 Tropf. *Ol. Citronell.* versetzt und beiseite gestellt. Nach 15 Minuten zeigt *A* braungelbe, *B* gelbbraune Färbung. Die Differenz besteht also nur bei *B* in einem dunkleren Farbentone. Hiernach lässt sich ebenfalls eine sehr geringe Beimischung von Terpentinöl (etwa 3—4 Proc.) annehmen.

III. *Ol. Cascarill.* Harz mit Oel aufgekocht: *A* und *B* trübe, gelb. Mit Amylalkohol gemischt: *A* und *B* klar und rein gelb. Beim gelinden Aufkochen bleibt *A* gelb, *B* aber nimmt Violett an und ist schnell in kräftiges Braunroth übergegangen. Nach Zusatz von 2 Tropf. *Ol. Citronell.* zu dem heissen Oele wird *B* sofort dunkel in Folge Annahme violetten Tones, so dass alle Durchsichtigkeit schwindet. *A* ist anfangs gelb und nimmt etwas braunen Ton an, so dass man es mit bräunlich-gelb bezeichnen kann. Auch noch weiterhin ist *A* bräunlich gelb, *B* dunkel tintenartig.

Hier liegt also ein reines Oel vor, denn diese Farbendifferenz würde ein Terpentinöl enthaltendes Oel nicht zulassen.

IV. *Ol. Cascarill.* (altes Oel). Harz mit 15 Tropf. Spirit. absol., Oel und Benzol aufgekocht: *A* und *B* mässig citronengelb. Das Oel erweist sich als adiaphorisches. Nach Zusatz von 4 Tropf. *Ol. Citronell.* und Aufkochen erscheint *A* gelb, *B* dunkel rothviolett, welche Farbendifferenz andauert, nur nimmt *B* nach und nach einen gelbbraunen Farbenton an.

Somit ist dieses Oel frei von Terpentinöl.

I. *Oleum Cassiae cinnamomeae* (Cassienöl, Zimmtöl). Harz mit Oel aufgekocht: *A* und *B* goldgelb und klar. Nach Zusatz von Chloroform *A* und *B* goldgelb, auch nach dem Aufkochen. Nach dem Erkalten 5 Tropf. *Ol. Citronell.* zugesetzt, wird *B* sofort dunkelbraun, nach und nach Violett annehmend, so dass jedes Durchscheinen schwindet. *A* bleibt gelb und klar.

Diese Farbenverschiedenheit ist so grell, dass auch nicht eine Spur Terpentinöl im Cassiaöle anzunehmen ist. Eine solche Verfälschung kommt auch wohl selten vor.

II. *Ol. Cassiae cinn.* Harz mit 10 Tropf. Spirit. absol. aufgekocht und mit Oel gemischt: *A* und *B* gelb und klar. Mit Benzol versetzt und aufgekocht: *A* und *B* klar und fast goldgelb; erkaltet mit 5 Tropf. *Ol. Citronell.* versetzt tritt keine Veränderung ein, aber aufgekocht färbt sich *B* dunkel zimmtbraun unter Annahme violetten Tones bis fast zur Undurchsichtigkeit in Zeit einer halben Minute. Während dieser Zeit ist *A* anfangs gelb und wird allmählich zimmtfarben, bleibt aber durchsichtig und lässt keinen violetten Ton wahrnehmen wie *B*, welches schliesslich mehr dunkel violett als braun und auch undurchsichtig ist. Das Oel ist somit frei von Terpentinöl.

Um Sicherheit im Urtheil zu erlangen, wurde noch folgende Reaction vorgenommen:

a) Harz mit 10 Tropf. Spirit. absol. aufgekocht, dann mit Oel und Chloroform versetzt und aufgekocht: *A* und *B* goldgelb und kaum trübe. Erkaltet mit 3 Tropf. *Ol. Citronell.* versetzt, keine Veränderung, nun erwärmt: Bei $55-60^{0}$ nimmt *B* dunkel zimmtbraune Farbe an, während *A* gelb bleibt. *B* wird dunkler, *A* bleibt gelb auch eine weitere Stunde hindurch.

Das Oel ist also von Terpentinöl frei.

III. *Ol. Cassiae cinnam.* (mit Paraffinöl verfälschtes). Der Paraffinölgehalt beeinträchtigt in keiner Weise die Guajakreaction. Harz mit Oel gekocht: *A* und *B* goldgelb und klar. Mit Chloroform versetzt und aufgekocht: keine Veränderung Erkaltet mit 3 Tropf. *Ol. Citronell.* versetzt: *A* gelb, *B* nimmt sofort dunklere Farbe an und ist in Zeit einer Viertelminute dunkel zimmtbraun und setzt alsbald Violett an. *A* ist etwas dunkler gelb geworden.

Diese Farbendifferenz genügt, um die Abwesenheit des Terpentinöls zu erkennen. Eine Verfälschung des Zimmtöls mit Paraffinöl dürfte wohl immer eine sehr seltene sein.

I. *Oleum Cedri ligni* (Cedernöl). Harz mit Oel aufgekocht: *A* und *B* milchtrübe, lilafarben. Mit Chloroform versetzt: *A* und *B* gelblich, wenig trübe. Aufgekocht: keine

Veränderung. Erkaltet mit 3 Tropf. *Ol. Citronell.* versetzt, wieder keine Veränderung. Aufgekocht ebenso. Noch heiss wieder mit 5 Tropf. *Ol. Citronell.* versetzt und, da keine Veränderung eintritt, aufgekocht. Im Verlauf der ersten Minute: *A* gelb, *B* violetten Ton annehmend, in der 2. Minute ist *B* schon kräftig rothviolett, *A* gelb, so auch in der 4. Minute. Nun nochmals aufgekocht ein gleiches Verhalten, *A* gelb, *B* kräftig rothviolett, später mehr blauviolett.

Bei dieser Farbendifferenz ist die Gegenwart von Terpentinöl sicher ausgeschlossen.

II. *Ol. Cedri ligni* (alt). Harz mit Oel aufgekocht: *A* trübe gelb, *B* dunkel himbeerroth. Mit Chloroform versetzt, dieselbe Färbung. Aufgekocht *A* gelb, *B* sehr dunkel rothviolett, in blauviolett alsbald übergehend.

Dieses Oel ist also frei von Terpentinöl.

III. *Ol. Cedri ligni* (frische Waare). Harz mit 15 Tropf. Spirit. absol., Oel und Benzol aufgekocht: *A* gelb, *B* violett, nach einer halben Minute tief dunkel violettblau. Diese Farbendifferenz ist eine andauernde, nur *A* wird goldgelb.

Das Oel ist also frei von Terpentinöl.

Die Cedernöle sub II und III erwiesen sich als Stimulatoren. Ihre Anwendung als solche ist dann angezeigt, wenn man Terpentinöl in ozonoprothymen Oelen nachweisen will, in welchen Fällen das Citronellöl gewöhnlich zu kräftig ozonisirend einwirkt.

Ol. Cerae (Wachsöl). Harz mit 15 Tropf. Spirit. absol., Oel, Benzol und 3 Tropf. *Ol. Citronell.* aufgekocht: *A* gelb, *B* geht alsbald in Violett über. Nach 5 Minuten ist *A* gelb, *B* kräftig rothviolett. Nach ½ Stunde ist *A* rein gelb und *B* mehr gelbroth violett. Nun aufgekocht *A* blassgelb, *B* kräftig rothviolett.

Bei dieser Farbendifferenz ist die Abwesenheit des Terpentinöls mit Sicherheit anzunehmen.

I. *Oleum Chamomillae Romanae* (Römisch-Kamillenöl). Oel und Harz aufgekocht: *A* und *B* gelb, *B* kräftiger gelb. Beim Erkalten bleibt *A* gelb und trübe, *B* undurchsichtig moosgrün. Nach Zusatz von Chloroform und Aufkochen erscheint beim Erkalten und später *A* hellgelb, *B* braun mit violettem Anfluge. Nochmals aufgekocht *A* gelb, *B* dunkelbraun mit violettem Anfluge. Das Oel ist sonach frei von Terpentinöl.

a) Harz mit Oel und Benzol kalt gemischt und aufgekocht: *A* und *B* gleich gelb, *B* etwas kräftiger mit violettem Schimmer. Nochmals aufgekocht: *A* gelb, *B* violett bräunlich. Nach Zusatz von 5 Tropfen Spirit. absol. *A* gelb, *B* braunviolett. Das Oel war also sicher frei von Terpentinöl.

I. *Oleum Cinae* (Wurmsamenöl). Harz mit 10 Tropfen Spirit. absol. aufgekocht, mit Oel versetzt und aufgekocht: *A* und *B* blassgelblich. Mit Chloroform versetzt und aufgekocht keine Veränderung. Nach dem Erkalten mit zwei Tropfen *Ol. Calami norm.* versetzt: *A* klar, *B* trübe. Aufgekocht *A* und *B* klar, kaum gefärbt. Sofort wird nun *A* gelblich, *B* nimmt blauen Farbenton an und nach einer Minute ist *B* kräftig violett. In der dritten Minute zeigt *A* einen schwachen violetten Schimmer, *B* aber ist dunkelviolett.

Wurde in Stelle des *Ol. Calami* das *Ol. Citronellae* angewendet, so trat in *A* und *B* stets ein dunkelviolettes Colorit ein. Nach der sub II folgenden Reaction zu urtheilen, enthält dieses Oel höchstens 5 Proc. Terpentinöl.

II. *Ol. Cinae* (altes). Harz mit 10 Tropfen Spirit. absol., Oel und Benzol aufgekocht: *A* und *B* gelb. Nun mit zwei Tropfen *Ol. Citronellae* versetzt und aufgekocht: *A* gelb, *B* dunkel violettblau, welche Farbendifferenz noch weiter andauert.

Diese Reaction ergiebt, dass dieses Oel kein Ozonoprothymöl ist, sondern ein adiaphorisches und dass die sub I und III geprüften Oele mit Terpentinöl verfälschte sind.

III. *Ol. Cinae* (neue Waare). Harz mit Oel und 1 Tropf. *Ol. Citronellae* aufgekocht. Es tritt bei *A* und *B* vorübergehend violette Färbung ein, welche beim Erkalten verschwindet: *A* gelb, *B* etwas trübe, dunkelgelb. Nach Zusatz von Benzol: *A* hellgelb, wenig trübe, *B* hellgelb, aber mehr trübe. Da bis 75⁰ erwärmt keine Veränderung erfolgte, so wurde aufgekocht und nach 5 Minuten nochmals aufgekocht. Das Resultat war ein gelbgrünlicher Farbenton. Nach dem Erkalten wurden noch 2 Tropfen *Ol. Citronellae* hinzugesetzt und nun trat ein violetter Farbenton in *A* und *B* ein. Nach einer Stunde sind *A* und *B* violett, *A* nur etwas heller, aber aufgekocht ebenso stark violett wie *B*.

Aus allen diesen übereinstimmenden Färbungen in *A* und *B* muss mit Rücksicht auf die Reaction sub II angenommen werden, dass in dem *Ol. Cinae* etwa 8—10 Proc. *Ol. Terebinthinae* vertreten sind. Nach der Reaction sub b dürfte dieses Terpentinölgehalt etwas zu hoch geschätzt sein.

a) Harz mit 10 Tropfen Spirit. absol. aufgekocht, mit Oel und Petrolbenzin versetzt und aufgekocht: *A* und *B* milchig trübe und gelb, *A* etwas dunkler. Erkaltet mit 5 Tropfen *Ol. Citronellae* versetzt und beiseite gestellt. Da nach einer halben Stunde kaum merkliche Veränderung eingetreten ist, so werden weitere 5 Tropfen *Ol. Citronell.* hinzugesetzt. Sofort meldet sich in *B* Farbenveränderung an, einem violetten Tone Platz gebend. Nach einer Minute tritt auch in *A* dunklere Färbung ein, doch ist in der 2. Minute *B* kräftig violett, *A* kräftig gelb mit violettem Schimmer. In der 4. Minute hat *A* braunvioletten, in der 6. Minute einen dunkel violettbraunen Farbenton angenommen, welcher schliesslich der Färbung von *B* fast gleich kommt.

Aus dieser Uebereinstimmung der Färbungen ergiebt sich ein Terpentinöl-Gehalt in einer Menge wie schon oben angedeutet ist.

Da sich später herausstellte, dass sich das stark stimulatorische Citronellöl für Cinaöl nicht wohl eignet, so wurde zum *Ol. Cedri ligni* II gegriffen:

b) Harz mit 15 Tropfen Spirit. absol., Oel, Benzol und 2 Tropfen *Ol. Cedri ligni* (II) versetzt und aufgekocht: *A* gelb, *B* nimmt sofort dunklen Farbenton an und wird rothviolett. *A* nimmt nach einer Minute dunklen Farbenton an und ist in der 2. Minute gelbroth. Nochmals aufgekocht

tritt in *A* violetter Farbenton mit wenig Gelb im durchfallenden Lichte ein, *B* aber ist dunkler violett ohne Gelb.
Nach 12stündigem Stehen zeigen *A* und *B* im durchfallenden
Lichte reines Gelb, doch *B* birgt violetten Schimmer. Nach
gelinder Anwärmung (55° C.) zeigt *A* röthlich violetten, *B*
aber bläulich violetten und wenig kräftigeren Farbenton.

Wäre Cinaöl auch ein ozonoprothymes Oel, so würde
man doch bei den so geringen Farbendifferenzen einen geringen Terpentinölgehalt annehmen müssen, etwa zu 3 − 4 Proc.

IV. *Ol. Cinae* (aus guter Hand). Da dieses Oel mit
2 Tropfen *Ol. Citronellae* aufgekocht in *A* und *B* dunkles
Violett ergab, eine Verfälschung mit Terpentinöl vorzuliegen
schien, so wurden folgende Modificationen der Reaction versucht.

a) Harz mit 20 Tropfen Spirit. absol. aufgekocht, erkaltet mit Oel, Benzol und 2 Tropfen *Ol. Cedri ligni* III versetzt und aufgekocht: *A* und *B* gelb, *B* nimmt aber sofort
violetten Ton an und ist nach einer Minute kräftig rothviolett.
In der 5. Minute zeigt *A* violetten Schimmer. Diese Farbendifferenz ist noch nach 2 Stunden vorhanden. Nach Zusatz
von weiteren 2 Tropfen *Ol. Cedri* und schwachem Aufkochen
wird *B* tief dunkelviolett, später heller violett, während *A*
nur einen schwachen violetten Schimmer zeigt, so dass es
rothgelb erscheint. Da noch nach 3 Stunden diese Farbendifferenz waltete, so muss das Oel als frei von Terpentinöl
erachtet werden. *Ol. Citronellae* schien für dieses Oel zu
scharf stimulatorisch, also nicht passend für die Reaction zu
sein, wesshalb zu dem schwächer stimulatorisch wirkenden
Cedernöle (II und III) gegriffen wurde.

b) Harz mit 15 Tropfen Spir. absol., Oel, Benzol und
5 Tropfen *Ol. Spicae* aufgekocht: *A* rothviolett, *B* dunkelblauviolett. Nochmals aufgekocht *A* und *B* blauviolett. Nun
mit 4 Tropfen Essigsäure versetzt und beiseite gestellt. Nach
einer Stunde ist *A* braun, *B* violett, nach einer 2. Stunde
braunviolett.

c) Wie sub *b* behandelt, aber mit 2 Tropfen *Ol. Cedri* III aufgekocht: *A* und *B* gelb, *B* nimmt aber sofort violetten Ton an und in einer Minute ist *B* kräftig rothviolett. Erst in der 5. Minute zeigt *A* violetten Schimmer. Diese Farbendifferenz hielt sich 2 Stunden hindurch.

Diese Resultate lassen die Abwesenheit des Terpentinöls annehmen, da dieses Cinaöl den Ozonoprothymölen angehört.

V. *Ol. Cinae* (neue Waare) Harz mit 15 Tropf. Spir. absol., Oel, Benzol aufgekocht: *A* und *B* gelb. Nach dem Erkalten mit 3 Tropfen *Ol. Citronell.* versetzt, nimmt *A* allmählich dunkleren Ton an und zeigt nach einer Stunde eine bräunlich-violette Farbe, *B* ist dunkler und kräftiger violett mit bläulichem Tone. Nach 12 Stunden zeigen *A* und *B* reines Gelbbraun.

a) Harz mit 20 Tropfen Spir. absol., 15 Tropfen Oel (für *B* nur 3 Tropfen *Ol. Terebinth.*), 6 Tropfen *Ol. Spicae* und einem gleichen Vol. Benzol aufgekocht: *A* und *B* trübe und gelb. Da keine Farbendifferenz eintritt, so nach dem Erkalten ein Zusatz von 2 Tropfen Citronellöl. Sofort tritt in *A* und *B* kräftigerer gleicher Farbenton ein, welcher andauert. Nach Zusatz von 1 ccm Petrolbenzin und 3 Tropf. *Ol. Citronell.* und Aufkochen zeigt im Verlaufe einer halben Minute *A* schwach rothen, *B* blauen Farbenton, welcher sehr kräftig wird. Diese Differenz dauert über eine Stunde.

b) 0,05 g Harz mit 28 Tropfen Oel aufgekocht: *A* und *B* gelblich, *A* weniger trübe als *B*, auch nach Zusatz von 2 ccm Benzol. Nach dem Aufkochen *A* und *B* kaum gelblich. Nun mit 6 Tropfen *Ol. Cedri ligni* versetzt und aufgekocht zeigt *A* blasses Blauviolett, *B* blasses Rothviolett. Nochmals aufgekocht sind die Farben etwas kräftiger, aber derselbe Unterschied. Nach Verlauf einer Viertelstunde ist in beiden der Farbenton blasser. Nun Zusatz von 2 Tropfen *Ol. Citronell.* und 1 ccm Petrolbenzin und Aufkochen: *A* fast klar und bläulich, *B* trübe und röthlich.

Aus diesen Resultaten, besonders denen sub *a* muss man die Abwesenheit des Terpentinöls annehmen.

Oleum Cinnamomi Ceylanici. Harz mit Oel gelind über der Flamme erhitzt: *A* gelb, *B* sofort blauviolett. Mit Chloroform versetzt: *A* gelb, *B* dunkelblauviolett und nicht mehr durchsichtig. Auch beim Beiseitestehen bleibt diese Farbendifferenz.

Das Oel ist somit frei von Terpentinöl und ein stimulatorisches Oel.

Oleum Citri (Citronenöl) wird häufig mit sehr gedrücktem Preise in den Handel gebracht, woraus sich der Schluss ergiebt, dass für dieses Oel Verfälschungsöle wohl existiren dürften. Diese mögen nun in mit Kohle behandeltem und rectificirtem Terpentinöl, Lärchenbaumöl *(Ol. Laricis)* oder auch einem anderen Coniferenöle bestehen, so dürften sie doch mit der Guajakprobe stets zu erkennen sein.

Wie wir beim Apfelsinenöle *(Ol. Aurant. dulc.)* erfahren haben, ist man vorläufig noch genöthigt, in den Aurantiaceenölen sowohl ozonoprothyme als auch rein adiaphorische Oele anzunehmen. Wie bei diesem Apfelsinenöle, so auch treffen wir beim Citronenöle gleiches Reactionsverhalten an. Auch hier wäre eine 10 Minuten dauernde Farbendifferenz nach Zusatz eines stimulatorischen Oels in *A* und *B* (in *B* stets die dunklere Farbe) als ein Zeichen von der Abwesenheit des Terpentinöls oder Lärchenbaumöls aufzufassen. Eine 5 Minuten dauernde Differenz nach der Aufkochung lässt eine gleiche Beurtheilung zu. Sollte die Erfahrung herausstellen, dass Citronenöl sehr schwach oder nicht ozonoprothym sei, so würde man bei einer 10 oder 5 Minuten dauernden Farbendifferenz einen sehr geringen Gehalt an Terpentinöl oder Lärchenbaumöl annehmen müssen. Die Citronenöle sub I, II, III, V, VI u. VII erwiesen sich als stimulatorische Oele.

I. *Ol. Citri* (sehr alt). Oel und Harz mischen sich beim Agitiren nicht, aber aufgekocht löst Oel das Harz und wird klar und gelblich, von der Flamme entfernt schnell milchig trübe. Chloroform macht klar. Aufgekocht: *A* und *B* klar und gelblich. Nach einer Stunde *A* lilafarben, *B* etwas bläulicher. Nach dem Aufkochen zeigt *A* kaum eine Andeutung von Violett, *B* ist aber alsbald schön hellviolett. Während des Kochens wurde *A* fast farblos gelblich, *B* blieb aber violett. Völlig erkaltet *A* sehr blassviolett, *B* aber kräftig violett. So auch nach Verlauf einer Stunde. Wurde wieder aufgekocht, so erschien *A* sehr blassroth violett, *B* tief dunkel violett.

Möglicher Weise enthält das Citronenöl einen Zusatz von Apfelsinenöl. Aus dem Verlaufe der Reaction, dem Farbloswerden beim Aufkochen, ergiebt sich die Abwesenheit des Terpentinöls. Nun eine Modification der Reaction:

a) Harz mit 10 Tropf. Spirit. absol. aufgekocht, mit Oel und Petrolbenzin versetzt und aufgekocht. *A* und *B* milchig trübe, gelb. Erkaltet mit 10 Tropf. *Ol. Citronell.* versetzt und beiseite gestellt. In Zeit von 2 Minuten ist *A* gelb, *B* kräftig violett, in der 3. Minute *B* kräftig blauviolett, *A* noch gelb. In der 5. Minute zeigt *B* dunkeles Blauviolett, *A* ein Gelb mit schwachem violettem Schimmer, welche Farbendifferenz noch 15 Min. dauert. Damit ist die Abwesenheit von Terpentinöl erkannt.

II. *Ol. Citri* (2 Jahr alt). Wurde Harz mit 15 Tropf. Spirit. absol. und Benzol aufgekocht und zu der warmen Flüssigkeit das Oel gegeben, so färbte sich *B* sofort violett und im Verlaufe einer halben Minute dunkel blauviolett, *A* blieb klar und reingelb. Diese Farbendifferenz deutet genügend auf Abwesenheit des Terpentinöls, zumalen sie noch nach einer Stunde besteht.

Dass das echte Citronenöl, weder mit Lärchenbaumölhaltigem Apfelsinenöl, noch mit Terpentinöl verfälschtes, keinen bläulichen Farbenton annimmt, ergiebt das vorliegende Oel. Wurde *A* aus der Probe II. mit 6 Tropf. *Ol. Citronell.* versetzt und aufgekocht, so blieb die gelbe Färbung immer noch dieselbe, nur beim längeren Stehen fand sich ein röthlicher Farbenton ein, ohne jedoch das Gelb zu verdrängen.

a) Harz, Oel, Petrolbenzin in den Cylinder gegeben und aufgekocht: *A* trübe gelb, *B* tief dunkel blauviolett. Diese Farbendifferenz bleibt Stunden hindurch bestehen. Nach

15 Stunden zeigte *A* gelbe Farbe, oberhalb mit einem weiss-
gelblichem Ringe (Wandbelag) als Rückstand des freiwillig
verdunsteten Gemisches. *B* zeigt einen dunkelblauen Ring
und dunkelblauen Harzabsatz. Geschüttelt ist *B* dunkelblau.

Diese Differenz zeigt mit Sicherheit die Abwesenheit des
Terpentinöls an. Die Probe mit Petrolbenzin scheint die
kürzere und bequemere zu sein.

III. *Ol. Citri* (etwa 2 Jahre alt). Harz und Oel aufgekocht. *A* und *B* anfangs klar und gelblich, erkaltend milchig trübe, bläulich schillernd. Nach Zusatz von Benzol
werden *A* und *B* bei 60° C. bläulich, während des Aufkochens bedeutend blasser, erkaltend *B* stärker violettblau
als *A*, welches letztere im durchfallenden Lichte einen gelben
Ton erkennen lässt. Nochmals aufgekocht *A* gelb, *B* aber
gelb mit violettem Schimmer. Nach $\frac{1}{2}$ Stunde *A* lila mit
gelblichem Tone, *B* kräftiger lila mit violettblauem Tone.
Nach 2 Stunden bilden *A* und *B* zwei Schichten, eine obere
weissliche trübe. Die untere ist bei *A* blassgrün, bei *B*
bläulich grün, nach der Agitation *A* sehr blassgrün, *B* bläulich grün. Beim Aufkochen werden *A* und *B* klar und gelblich, erkaltend *A* und *B* hellgrünlich trübe. Nun mit je 2
Tropf. *Ol. Calami norm.* versetzt, tritt sofort bei *B* ein stark
bläulicher Ton ein, bei *A* aber sehr schwach. Nach 1 Minute ist *A* bläulich grün, *B* blau und bedeutend stärker an
Farbe als *A*. Hiernach ist Terpentinöl nicht gegenwärtig.

a) Harz mit 15 Tropf. Spirit. absol. und Oel (1 ccm)
versetzt und aufgekocht: *A* und *B* gelb. Erkaltet mit Amylalkohol (1 ccm) und 10 Tropf. *Ol. Citronell.* versetzt: *B*
zeigt sofort Farbenwechsel an, *A* gelb. Nach 2 Minuten ist
B rothviolett, nach 3 Minuten dunkel-rothviolett, nach 4
Minuten tief dunkel-violettblau, *A* gelb. In der 5. Minute
wird das Gelb in *A* kräftiger und auch noch in der 10. Minute zeigt *A* eine rothgelbe Farbe, welche den rothen Ton
stärker werden lässt, so dass in der 15. Minute die Farbe
gelbroth erscheint. In der 20. Minute meldet sich in *A* vio-

letter Ton an und in der 30. Minute zeigt *A* ein mässiges Rothviolett, *B* ein tiefdunkles Violettblau.

Nach diesem Reactionsverlaufe zu urtheilen, ist das Oel frei von Terpentinöl oder Lärchenbaumöl, denn die Farbendifferenzen gehen weit über 10 Minuten hinaus.

IV. *Ol. Citri* (etwa 2 Jahre alt). Harz mit Oel aufgekocht, dann mit Amylalkohol versetzt und aufgekocht: *A* und *B* gelb, ziemlich klar. Nach dem Erkalten 4 Tropf. *Ol. Calami norm.* hinzugesetzt. *B* nimmt sofort bläulichen Ton an. Nach 2 Minuten: *A* röthlich mit gelbem Tone, *B* kräftig violett, so auch nach einer halben Stunde. Nach 15 Stunden *A* hellviolett, *B* tief dunkelviolett. Dieses Citronenöl erwies sich auch in der folgenden Probe als völlig frei von Terpentinöl.

a) Harz mit 10 Tropf. Spirit. absol. aufgekocht, erkaltet mit Oel und Chloroform versetzt und aufgekocht: *A* und *B* gelb. Nun erwärmt bis auf 60⁰ ist *A* gelb, *B* aber nimmt violetten Ton an, welcher nach 10 Minuten bis zu 1 Stunde kräftiges Violett darbietet, während *A* gelb ist. Diese Farbendifferenz sichert die Behauptung, dass das Oel frei von Terpentinöl ist.

V. *Ol. Citri* (aus einer Apotheke, welche es von einem sehr achtbaren Hause entnommen hatte, welches das Oel sicher auch aus bester Quelle bezog). Wurde Harz mit Oel aufgekocht und noch etwas warm mit Amylalkohol versetzt, so zeigten *A* und *B* bläulichen Farbenton und nach zwei Minuten war *A* ebenso violett wie *B*. Beim Aufkochen nehmen *A* und *B* gelbe Farbe an. Auf Zusatz von 4 Tropf. *Ol. Calami* werden *A* und *B* sofort violett.

Da diese Uebereinstimmung der Farben in *A* und *B* eine Verfälschung anzeigt, so ist, um zu einem sicheren Urtheile zu gelangen, noch eine Modification der Reaction anzuwenden.

a) Harz mit 15 Tropf. Spir. absol. und Oel (1 ccm) versetzt und aufgekocht: *A* und *B* wenig trübe und gelb. Nach dem Erkalten mit Benzol (1 ccm) und mit 10 Tropf. *Ol. Citro-*

nell. versetzt und beiseite gestellt. In der 2. Minute zeigt *B* Farbenwandlung, mit Anfang der 3. Minute kräftigen violetten Ton und am Schlusse dieser Minute dunkles Violett. *A* bisher gelb nimmt in der 3. Minute violetten Schimmer an und erreicht in der 5. Minute dunklen violetten Farbenton.

Beide Reactionen deuten also auf reichlichen Lärchenbaumöl- oder Terpentinölgehalt, etwa 10—15 Proc., hin.

VI. *Ol. Citri* (aus einer anderen Apotheke). Harz mit Oel aufgekocht: *A* und *B* milchig trübe, weisslich. Nach Zusatz von Amylalkohol aufgekocht: *A* gelb, *B* rothviolett, im durchfallenden Lichte mit röthlich-gelbem Farbentone. Nach dem Erkalten mit 3 Tropf. *Ol. Calami norm.* versetzt geht *A* sofort in Roth, *B* in kräftiges Violett über. Dieses Citronenöl war also frei von Terpentinöl, denn im ersten und zweiten Theile der Reaction zeigte sich eine Differenz der Färbung.

VII. *Ol. Citri* (letzter Ernte). Harz mit Oel aufgekocht: *A* und *B* heiss klar, aber schon nach einer Viertelminute trübe werdend, blassgelb. Zu der noch warmen Flüssigkeit Chloroform zugesetzt, *A* gelb, *B* sofort blauviolett. Nach einer Minute tritt bei *A* ein grünlicher Schimmer ein, welcher allmählich zunimmt unter Annahme eines violetten Tones. In der 6. Minute ist *A* röthlich blassviolett, in der 10. Minute schwach blauviolett, *B* aber dunkel blauviolett. Aufgekocht *A* hell rothviolett, *B* blauviolett, heller wie vorher.

Dieses Verhalten könnte die Vermuthung aufkommen lassen, als ob eine Fälschung mit Lärchenbaumöl vorläge, desshalb wollen wir zur Probe unter Beihülfe von Petrolbenzin schreiten.

a) Harz mit 10 Tropf. Spirit. absol. aufgekocht, dann mit ana 1 ccm Oel, Amylalkohol und Petrolbenzin versetzt und aufgekocht: *A* und *B* klar und gelb, aber *B* nimmt sofort kräftigeren Farbenton an, ohne jedoch darin intensiver zu werden, daher nach dem Erkalten mit 5 Tropf. *Ol. Citronell.* versetzt. Sofort nimmt *B* dunklen violetten Farbenton an, während *A* kräftiges oder dunkles Gelb zeigt. Nach

$1^1{}_2$ Minute ist *A* röthlich-dunkelgelb, *B* kräftig blauviolett.
Nach 5 Minuten *A* und *B* fast gleich dunkelviolett.

b) Harz mit dem Oele übergossen und aufgekocht: *A* und
B trübe gelb. Nach Zusatz von Petrolbenzin und aufgekocht *A* und *B* milchig trübe gelblich. Auf Zusatz von 12
Tropf. Spirit. absol. *A* klar und gelblich, *B* wenig trübe und
gelblich. Nach dem Aufkochen keine Veränderung. Erkaltet
mit 5 Tropf. *Ol. Citronell.* versetzt und agitirt, nimmt *B* sofort violetten Ton an und ist nach 1 Minute kräftig blauviolett, während nun *A* auch violetten Ton annimmt und in
der 3. Minute blass blauviolett erscheint, *B* ist kräftig blauviolett. Nach einer Stunde *A* und *B* fast gleich blau.

c) Harz mit 15 Tropf. Spirit. absol. und Oel (1 ccm)
übergossen und aufgekocht, *A* und *B* gelb. Nach Zusatz von
Benzol und 10 Tropf. *Ol. Citronell.* zeigt *B* sofort Farbenwechsel, eine halbe Minute später auch *A*, und im Verlaufe
von 2 Minuten sind *A* und *B* dunkelviolett.

Aus allen diesen Reactionen ergiebt sich ein Lärchen-
baumöl- oder Terpentinölgehalt, obgleich das Oel direkt aus
guter Quelle bezogen war. Ein Gehalt von 8—12 Proc. eines
jener Oele ist anzunehmen.

VIII. *Ol. Citri* (nicht alt). Harz mit 10 Tropf. Spirit.
absol. aufgekocht, mit Oel versetzt und aufgekocht: *A* und
B trübe gelb. Nach Zusatz von Chloroform *A* sehr trübe,
B weniger trübe. Nun mit 1 Tropf. *Ol. Calami normale* versetzt. Nach 3 Stunden *A* und *B* gelb, nach dem Aufkochen
ein gleiches Verhalten, auch nach Verlauf einer Stunde. Nun
nochmals mit 3 Tropf. *Ol. Calami* versetzt, nimmt nach 2
Minuten *B* einen bläulichen Farbenton an. Nach 5 Minuten
A röthlich, *B* bläulich, aufgekocht: *A* bläulich roth, *B* kräftig
violettblau. Eine Verfälschung mit Terpentinöl oder Lärchenbaumöl in sehr geringer Menge liegt sicher vor. Auch bei
Modification der Reaction auf Zusatz von *Ol. Citronellae* ergab sich zwischen *A* und *B* keine bedeutende Farben-
divergenz.

IX. *Ol. Citri* (nicht alt). Harz mit 10 Tropf. Spirit.

absol. aufgekocht, dann mit Oel und Benzol kalt versetzt.
Bis zu 75° C. erwärmt: *A* und *B* klar und gelb. Nun aufgekocht und beiseite gestellt. Nach 2 Stunden *A* und *B*
gelb. Nun mit 2 Tropf. *Ol. Calami norm.* versetzt, tritt bei
B blauer Farbenton ein, während *A* gelb bleibt. Nach 10
Minuten *A* gelb, *B* hellblau. Noch 2 Tropf. *Ol. Calami normale* zugesetzt: *A* gelb, *B* kräftig blau. Aufgekocht *A* grünlich, *B* dunkel blauviolett. Hier liegt also ein reines Citronenöl vor.

a) Harz mit 15 Tropf. Spirit. absol. und Oel (1 ccm)
versetzt und aufgekocht: *A* und *B* gelb. Erkaltet mit Amylalkohol (1 ccm) und 10 Tropf. *Ol. Citronell.* versetzt: nach
Verlauf ¹/₄ Minute zeigt *B* Farbenwechsel und ist in der
zweiten Minute roth, *A* gelb, und in der 3. Minute ist *B*
kräftig rothviolett und in der 5. Minute schon dunkel blauviolett und nicht mehr durchscheinend, *A* noch gelb. Letzteres
nimmt nun etwas rothen Schimmer an und erscheint in der
15. Minute rosafarben.

Diese Reactionsresultate lassen die Abwesenheit von
Terpentinöl oder Lärchenbaumöl sicher erkennen.

X. *Ol. Citri* (über 2 Jahre alt). Harz mit 10 Tropf.
Spirit. absol. aufgekocht. Erkaltet mit Oel und Benzol versetzt und aufgekocht: *A* und *B* gelb. Nach dem Erkalten
mit 2 Tropf. *Ol. Citronell.* versetzt und beiseite gestellt. Da
innerhalb einer Stunde kein Farbenwechsel eintrat, so wurde
erwärmt. Bei 65° *A* gelb, *B* nimmt violetten Schimmer an,
welcher bei einer Wärme bis zu 80° etwas zunimmt, sodass
ein grünlicher Farbenton vorwaltet. Aufgekocht *A* gelb, *B*
grün mit violettem Schimmer. Nach dem Erkalten noch 2
Tropf. *Ol. Citronell.* zugesetzt und bis auf 70° erhitzt: *A*
gelb, *B* violett. Das Oel war also frei von Terpentinöl.
Wurde schliesslich aufgekocht, so trat bei *A* ein entfernter
violetter Schimmer ein, aber *B* war nun dunkelviolett.

Diese Farbendifferenzen lassen das reine Citronenöl erkennen.

XI. *Ol. Citri.* Harz mit 10—12 Tropf. Spirit. absol.

aufgekocht, dann mit Oel, Amylalkohol und 2 Tropfen *Ol. Citronellae* versetzt. *A* und *B* gelb. Nun erwärmt. Bei 60⁰ *A* gelb, *B* nimmt einen violetten Ton an, welcher bei 70⁰ ein Violett mit gelbbräunlichem Tone erkennen lässt. Aufgekocht ist *A* gelb mit grünlichem Tone, *B* kräftig violett mit röthlichem Tone, in kräftiges Violettroth übergehend. Auch dieses Oel gab in zwei anderen Modificationen der Reaction bei *A* und *B* eine bedeutende Differenz der Farbe, es war also frei von Terpentinöl etc.

XII. *Ol. Citri*, von einem Kleindrogisten entnommen, nach den unter VII, VIII und X angegebenen Weisen behandelt, ergab in allen Punkten eine ziemliche Uebereinstimmung der Farben in *A* und *B*, so dass eine Verfälschung mit Terpentinöl oder Lärchenbaumöl angenommen werden musste.

Von den 12 Sorten Citronenöl, welche der Guajakreaction unterworfen wurden, erwiesen sich II, IV, VI, IX, X, XI, also 6 Sorten, völlig und sicher frei von Terpentin- oder Lärchenbaumöl, die Sorten I und III boten hinreichend ein Verhalten, um sie als rein anzuerkennen, während vier Sorten (also 33,3 Proc.) den Gehalt an jenen Verfälschungsmitteln deutlich erkennen liessen.

I. *Oleum Citronellae* (Citronellöl). Harz mit 10 Tropf. Spirit. absol. aufgekocht, dann Oel zugesetzt: *A* gelb, *B* nimmt aber schnell violetten Ton an. In einer Minute *B* dunkelviolett. Nach Zusatz von Chloroform *A* klar und gelb, *B* dunkelviolett.

Diese auffallende Differenz wies mich darauf hin, dieses Oel als Hülfsreagens da einzuschieben, wo zwischen *A* und *B* keine Farbendifferenz zu erlangen war. Es ist dieses Oel also ein stimulatorisches, ein Reagens auf Terpentinöl bei Gegenwart von Guajakharz. Eine von zwei Drogerien soeben bezogene Waare zeigte ein gleiches Verhalten, welcher Umstand umsomehr mich hoffen lässt, dass dieses Oel am häufigsten eine gleiche Reaction zeigen werde.

II. *Ol. Citronellae naturale* (von Gehe & Co. in Dresden bezogen). Harz mit 15 Tropf. Spirit. absol., Oel und Benzol aufgekocht: *A* und *B* gelb, *B* wird aber sofort violett und nach 5 Minuten dunkel violett.

a) Harz mit 15 Tropf. Spirit. absol. aufgekocht, nach dem Erkalten mit Oel und Benzol versetzt und beiseite gestellt. Da im Verlaufe von 10 Minuten sich in *B* Farbenwandel und erst in der 15. Minute blaues Violett zeigte, so kann dieses Citronellöl nur als ein schwach stimulatorisches erkannt werden.

Dieses Oel ist also von dem sub I verschieden, und kann nur da als Reagens eingesetzt werden, wo eine Kochung vorgenommen werden soll. Durch Einwirkung von Luft und Sonnenlicht wurde die stimulatorische Kraft des Oels etwas gehoben.

III. *Ol. Citronell. rectf.* Harz mit 15 Tropfen Spirit. absol., Oel und Benzol aufgekocht: *A* und *B* hellgelb, auch nach dem zweiten Aufkochen. Noch warm mit 4 Tropfen *Ol. Citronell.* I versetzt: *A* hellgelb, *B* nimmt violetten Ton an und ist im Verlaufe von 3 Minuten dunkelviolett. Dieses Oel erwies sich also als ein adiaphorisches.

Dieses rectif. Oel ist frei von Terpentinöl, kann aber nicht als Reagens bei der Guajakreaction angewerdet werden. Längere Einwirkung von Licht und Luft ergab, dass auch dieses Oel eine geringe stimulatorische Kraft annimmt.

Dieses rectificirte Oel liefert wiederum einen Beweis für die Richtigkeit der Behauptung, dass die ätherischen Oele durch Rectification (wiederholte Destillation) in ihrer Beschaffenheit bedeutende Veränderungen erleiden, und man deshalb die rectificirten Oele aus dem Arzneigebrauche verweisen solle, wenn nicht besondere Gründe für die Rectification vorliegen.

Oleum Coriandri (Korianderöl). Harz mit 15 Tropfen Spirit. absol., Oel und Benzol aufgekocht: *A* und *B* hellgelb. Erkaltet mit 5 Tropf. *Ol. Citronell.* versetzt, nimmt *B* sofort violetten Ton an und ist nach 10 Secunden dunkelviolettblau, während *A* hellgelbe Farbe zeigt, welche nur etwas kräftiger wird. In der 5. Minute nimmt A etwas violetten Ton an, geht in der 6. Minute in Hellroth über, ist in der 8. Minute schon violett und in der 10. Minute blauviolett, wenn auch etwas heller als B.

Dieses Verhalten deutet auf einen Terpentinölgehalt, daher noch eine Reaction:

a) Harz mit 15 Tropf. Spirit. absol., Oel und Amylalkohol aufgekocht: A und B gelb. Erkaltet mit 10 Tropf. *Ol. Cedri ligni* (II) versetzt und beiseite gestellt. Nach der 1. Minute nimmt B kräftigeren Farbenton an als A, bei welchem Colorit A und B verharren. Auf 60^0 erwärmt wird B sofort dunkelblauviolett, A bleibt mehrere Stunden hindurch gelb, wenn auch etwas dunkel.

Da sich diese Farbendifferenz Stunden hindurch erhält, so ist auch die Abwesenheit des Terpentinöls gesichert. Bei diesem adiaphorischen Oele scheint Citronellöl nicht das passende stimulatorische zu sein, weshalb zum Cedernöl gegriffen wurde, welches milder stimulatorisch wirkt.

Nach 12 Stunden zeigt A gelben, B in Folge violetten Schimmers mehr braunen Farbenton. Schwach aufgekocht nimmt B sofort Dunkelviolett, A violetten Schimmer an, ohne das Gelb zu verdecken. Nochmals schäumend aufgekocht geht A durch Dunkelviolett in Gelb über, während B violette Färbung bewahrt. Auch aus diesem Verlaufe der Reaction ist anzunehmen, dass das Oel frei von Terpentinöl ist. Wiederum schäumend aufgekocht, zeigt A reines Gelb, B bräunliches Violett.

In allen diesen Reactionsvorgängen (sub a) wird die Abwesenheit des Terpentinöls erkannt.

I. *Oleum Copaivae Balsami* (äth. Copaivaöl). Oel und Harz aufgekocht: A und B gelb. Unter Agitiren beim Erkalten tritt bei B violetter Ton ein, bei A in kaum merklichem Maasse. Nach Zusatz von Chloroform A rein gelb, B kräftiger gelb. Nach dem Aufkochen A und B gleich gelb. Beiseite gestellt ist nach 15 Stunden A gelb, B im durchfallenden Licht grün, im auffallenden Lichte mit stark violettem Scheine. Nun 10 Tropf. Spirit. absol. hinzugesetzt und aufgekocht: *A* gelb, *B* violettbraun.

a) Wurde der Harz mit dem Oele aufgekocht und mit Benzol gemischt, erschien *A* grünlichgelb, *B* blau. Nun aufgekocht wird *A* gelb, *B* blau.

Dieses Oel ist, nach diesen Farbendifferenzen zu schliessen, völlig frei von Terpentinöl. Man vergleiche auch die Reactionen unter *Balsamum Copaivae*.

II. *Ol. Copaivae* (3 Jahre alt). Harz mit 15 Tropfen *Spir. absol.*, Oel und Benzol aufgekocht: *A* und *B* hellgelb, Erkaltet mit 5 Tropf. *Ol. Citronell.* versetzt, gehen *A* und *B* schnell in dunkles Blauviolett über.

Diese Reaction deutet auf Terpentinölgehalt, daher ein anderer Reactionsvorgang.

a) Harz mit 15 Tropf. Spirit. absol., Oel, Benzol und 1 Tropf. *Ol. Citronell.* aufgekocht, nehmen *A* und *B* gleich braunen Farbenton an und werden braun mit violettem Schimmer. Nochmals aufgekocht *A* rothviolett, *B* braun mit violettem Schimmer. Nach einer Stunde ist *B* mehr braungelb, *A* aber blauviolett, welche Differenz besonders nach Zusatz von 1 ccm Benzol hervortritt. Das Blauviolett in *A* kann nur zu Terpentinöl Beziehung haben.

Da *Bals. Copaiva* jeden Herkommens sich gegen Guajakharz mit oder ohne Zusatz von *Ol. Citronellae* in der Kälte und in der Siedehitze indifferent verhält, so dürfte auch das davon durch Destillation abgeschiedene äth. Oel ebenfalls ein indifferentes, adiaphorisches Verhalten zeigen. Dass das vorliegende Copaivaöl einen Terpentinölzusatz erfahren hat, steht ausser allem Zweifel.

III. *Ol. Copaivae.* Harz mit 15 Tropf. Spirit. absol., Oel, Benzol und 2 Tropf. *Ol. Citronell.* aufgekocht: *A* gelb, *B* dunkelviolett. Diese Farbendifferenz ist von Dauer.

Dieses Oel ist somit frei von Terpentinöl.

I. *Oleum Cubebarum* (Kubebenöl). Harz mit 10 Tropfen Spirit. absol. aufgekocht, Oel zugesetzt und wieder aufgekocht. *A* und *B* gelb. Nach Zusatz von Chloroform und

Aufkochen *A* und *B* schwach trübe gelblich. Erkaltet mit 6 Tropf. *Ol. Citronellae* versetzt und zum Kochen erhitzt: *A* gelb, *B* tief dunkelviolett. *A* wird beim Erkalten nach und nach violett, aber nach 4 Minuten nur blassviolett. Nach 15stündigem Stehen ist *A* hellrothviolett, *B* dunkelblauviolett. Das Oel ist hiernach frei von Terpentinöl.

a) Harz mit 15 Tropfen Spirit. absol., Oel und Benzol aufgekocht: *A* und *B* gelb. Erkaltet mit 2 Tropfen *Ol. Citronell.* versetzt, geht *B* im Verlaufe einer Minute in tiefes Dunkelblauviolett über, während *A* gelb ist und erst nach 10 Minuten einen violetten Schimmer annimmt.

Mit dieser Farbendifferenz dürfte die Abwesenheit des Terpentinöls bestätigt sein, denn im anderen Falle hätte sich nach etwa 2 Minuten in *A* ein violetter Ton einfinden müssen.

II. *Ol. Cubebar.* Harz mit 15 Tropfen Spirit. absol., Oel und Benzol aufgekocht: *A* und *B* gelb. Erkaltet mit 2 Tropfen *Ol. Citronell.* versetzt, nimmt *B* sofort dunkle Färbung an und ist schon in der 1. Minute kräftig violett, *A* gelb. In der 2. Minute ist *B* dunkelblauviolett, *A* gelb. In der 15. Minute dieselbe Farbendifferenz, nur zeigt *A* von Oben betrachtet einen schwachen violetten Schimmer, im durchfallenden Lichte kräftiges Gelb, welches in der 30. Minute einen braunen Ton angenommen hat.

Diese Differenz der Farben genügt, die Abwesenheit des Terpentinöls zu constatiren.

Oleum Culilabani (Ol. Cinnamomi Culilavan). Harz mit 15 Tropf. Spirit. absol., Oel und Benzol aufgekocht: *A* und *B* gelb. Erkaltet mit 5 Tropfen *Ol. Citronell.* versetzt und beiseite gestellt, nimmt *B* sofort dunklen Ton an und ist in 2 Minuten tief dunkelblauviolett, *A* gelb wie im Anfange. Nach 30 Minuten dieselbe Differenz, nur zeigt *A* einen braungelben Farbenton, welcher dann in Braun übergeht.

Damit ist die Abwesenheit des Terpentinöls constatirt.

I. *Oleum Cumini* (Mutterkümmelöl). Harz mit 15 Tropf. Spirit. absol., Oel und Benzol aufgekocht: *A* und *B* gelb.

Erkaltet mit 5 Tropfen *Ol. Citronell.* versetzt und beiseite gestellt. Sofort nimmt *B* dunklen Farbenton an und geht im Verlaufe einer halben Minute in Dunkelblauviolett über, während *A* gelb ist und nur etwas dunkleren Ton angenommen hat, in der 3. Minute aber schon in Violett, dann sofort in dunkles Blauviolett übergeht.

Diese Uebereinstimmung der Färbungen in so kurzer Zeit deutet auf Terpentinölgehalt, daher folgende Reactionen:

a) Wie vorstehend behandelt, nur in Stelle des Citronell-öls 10 Tropfen *Ol. Cedri ligni* verwendet. Da dieser Zusatz keinen Farbenwechsel anmeldet, so gelinde Erwärmung. Bei 50° C. zeigt *B* rothe Färbung. Aus dem Wasserbade entfernt ist *B* schon in der 2. Minute kräftig rothviolett, *A* gelb, einen dunkleren Ton annehmend. Nach Zusatz von 1 Tropf. *Ol. Citronellae* wird *B* dunkler, *A* bräunlich gelb. Da diese Differenz nur 20 Minuten andauert und *A* schliesslich gelb wird, so muss die Anwesenheit selbst einer geringen Menge Terpentinöls bestritten werden. Um zu einem sicheren Schluss zu gelangen, noch eine Reaction.

b) Harz mit 15 Tropfen Spirit. absol., Oel, Benzol und 3 Tropfen *Ol. Cedri ligni* aufgekocht. Während des Kochens wird *B* violett, *A* bleibt gelb, doch vom Feuer entfernt nimmt *A* schwachen violetten Schimmer an, das Gelb bleibt aber vorherrschend. Nochmals schäumend aufgekocht tritt in *A* und *B* dunklere violette Färbung ein, eine Minute später zeigt aber *A* gelbe Farbe, *B* eine ähnliche mit vorherrschendem Violett. Mit 1 Tropfen *Ol. Citronell.* versetzt und aufgekocht sind *A* und *B* violett, *B* dunkler violett, beim Erkalten geht *A* wieder allmählich in Gelb zurück, so dass nach 5 Minuten *A* gelb mit leisem violetten Scheine, nach 10 Minuten reingelb, *B* aber dunkelviolett erscheinen.

Aus diesen Differenzen muss die Abwesenheit des Terpentinöls angenommen werden. Nach dem Verhalten der folgenden Oelsorten zu urtheilen, wäre vielleicht ein Gehalt von 2—3 Proc. Terpentinöl anzunehmen, die in den Reactionen vorkommenden Differenzen der Färbungen sind jedoch zu bedeutend, um eine solche Annahme zuzulassen.

II. *Ol. Cumīni.* Dieses Oel mischt sich nicht mit Guajakharzpulver. Harz und Oel aufgekocht: *A* und *B* trübe gelb. Nach Zusatz von Chloroform *A* und *B* etwas trübe und gelblich. Durch Aufkochen keine Veränderung. Erkaltet mit 2 Tropfen *Ol. Calami normal.* versetzt und beiseite gestellt ist nach 1 Stunde *A* trübe gelb, *B* kräftig violettroth. Das Oel ist also frei von Terpentinöl.

III. *Ol. Cumini* (alt). Harz mit 15 Tropfen Spir. absol., Oel und Benzol aufgekocht: *A* und *B* gelb, mehr hellgelb. Erkaltet mit 4 Tropfen *Ol. Citronell.* versetzt und, weil keine Farbenänderung eintritt, aufgekocht: *A* gelb, *B* kräftig roth. Noch 2 Tropfen *Ol. Citronell.* zugesetzt und aufgekocht: *A* gelb, *B* dunkelviolett, welche Farbendifferenz Bestand hat.

Das Mutterkümmelöl gehört den adiaphorischen Oelen an. Die vorliegende Sorte ist also wegen jener Farbendifferenzen als eine terpentinölfreie zu beurtheilen.

IV. *Ol. Cumini* (zwei Jahr alt). Harz mit 10 Tropfen Spirit. absol. aufgekocht, mit Oel und Benzol versetzt und aufgekocht: *A* und *B* kaum trübe, gelb; erkaltet stark trübe und gelb. Mit 2 Tropfen *Ol. Calami normal.* versetzt: keine Veränderung. Nun aufgekocht *A* rein gelb, *B* alsbald in kräftiges Roth übergehend, nach 2 Minuten scheinbar schwächer an Farbe werdend, nur einen violetten Schimmer zeigend: *A* gelb, *B* dunkelroth von oben gesehen. Nach Zusatz von weiteren 2 Tropfen *Ol. Calami* und Aufkochen: *A* gelb, *B* kräftig rothviolett, dunkler werdend. Nach einer Stunde *A* gelb, *B* kräftig röthlich violett. Das *Ol. Cumini* war also frei von *Ol. Terebinth.* und ist ein adiaphorisches Oel.

Oleum Dracunculi (Estragonöl, Dragunbeifussöl). Harz mit Oel gekocht, *A* und *B* gelb. Nach Zusatz von Chloroform und Aufkochen *A* und *B* gelb. Nach Zusatz von 20 Tropfen Spirit. absolut. aufgekocht *A* und *B* gelb, beiseite gestellt auch nach 15 Stunden gelb. Nun nochmals mit 10 Tropfen Spirit. absolut. versetzt und aufgekocht: *A* und

B gelb. Nach Zusatz von 3 Tropfen *Ol. Citronell.* nimmt *B* dunkelviolette Farbe an, *A* bleibt gelb. Dieses Oel ist also frei von Terpentinöl.

a) Oel mit Harz aufgekocht zeigt *B* einen grünlichen Farbenton. Mit Benzol gemischt und aufgekocht: *A* rein gelb, *B* violettroth. Nach Zusatz von 10 Tropfen Spirit. absolut. und Aufkochen: *A* gelb, *B* dunkelviolett. Das Oel war also frei von Terpentinöl. Hiernach ist Estragonöl im Contact mit Benzol ein schwach stimulatorisches Oel.

I. *Oleum Eucalypti.* Oel und Harz gekocht: *A* und *B* trübe und gelb. Nach Zusatz von Chloroform aufgekocht: *A* und *B* gelb und trübe, *B* etwas weniger trübe, aber etwas dunkler. Nach Zusatz von 10 Tropfen Spirit. absolut. *A* und *B* klar, *A* gelb, *B* dunkler gelb mit violettem Tone.

a) Harz mit Oel aufgekocht, dann mit Benzol versetzt und aufgekocht: *A* trübe, blassgelb, *B* dunkelviolett. Das Oel war also frei von Terpentinöl und ein stimulatorisches.

II. *Ol. Eucalypti* (altes). Harz mit Oel aufgekocht: *A* trübe, *B* weniger trübe. Nach Zusatz von Benzol und Aufkochen: *A* und *B* gelb, dann nach Zusatz von 20 Tropfen Spirit. absol. und Aufkochen erscheint *A* gelb, aber *B* nimmt allmählich violetten Ton an. Wurde auch hier Chloroform in Stelle des Benzols gesetzt, so resultirten hellgelbe Mischungen. Auch dieses Oel war also frei von Terpentinöl und mit Benzol im Contact ein schwach stimulatorisches.

III. *Ol. Eucalypti* (neue Waare). Harz mit 10 Tropfen Spirit. absol. aufgekocht, dann nach 2 Minuten mit 3 Tropf. *Ol. Citronell.* versetzt und erhitzt: *A* trübe gelb, *B* klar gelb. Nun aufgekocht *A* gelb, *B* durch Violett in kräftiges Grün übergehend. Nach Zusatz von Chloroform *A* milchig trübe, blass lila, nach und nach etwas kräftiger in der Farbe werdend, *B* aber grün und alsbald in Violett übergehend. Auch dieses Oel war somit frei von Terpentinöl.

IV. *Ol. Eucalypti (amygdalinae).* Harz mit 15 Tropfen Spir. absol., Oel und Benzol aufgekocht: *A* und *B* hellgelb. Beiseite gestellt tritt nach einer Minute in *B* dunkler Ton ein, welcher aber nicht an Intensität zunimmt. Nach einer halben Stunde wird nochmals aufgekocht und *B* wird dunkler braun, einen violetten Ton annehmend, *A* ist blassgelb. Nochmals aufgekocht wird *B* während des Kochens dunkelviolett, von der Flamme entfernt geht das Violett schnell in Braun zurück. Auf Zusatz von 2 Tropfen *Ol. Citronell.* wird *B* sofort dunkelviolettblau, *A* bleibt gelb, nach 10 Minuten einen bräunlichen Schimmer annehmend.

a) Harz mit 15 Tropfen Spirit. absol., Oel, Benzol und einem Tropfen *Ol. Citronell.* schwach aufgekocht: *B* alsbald dunkelviolettblau, *A* gelb. Diese Differenz der Färbung ist auch noch nach einer Stunde unverändert vorhanden.

Mit diesen beiden Reactionen ist mit aller Sicherheit die Abwesenheit des Terpentinöls erkannt.

V. *Ol. Eucalypti folior.* Harz mit 15 Tropfen Spirit. absol., Oel und Benzol aufgekocht: *A* und *B* hellgelb. Da in 10 Minuten keine Farbenwandlung eintritt, so Zusatz eines Tropfens *Ol. Citronell.* und Aufkochen unter Aufschäumen: *A* gelb, *B* dunkelblauviolett, welche Farbendifferenz Stunden hindurch andauert.

Damit ist die Abwesenheit des Terpentinöls erkannt.

VI. *Ol. Eucalypti rectif.* Harz mit 15 Tropfen Spirit. absol., Oel, Benzol und 2 Tropfen *Ol. Citronell.* gelind erhitzt: *B* sofort dunkelblau, *A* gelb, nun aber bis zum Aufkochen erhitzt *A* und *B* gleich tief dunkelblauviolett.

Dass hier eine Fälschung mit Terpentinöl vorliegt, dürfte sich vielleicht bestätigen. Die Kochung ist zu unterlassen.

a) Harz mit 15 Tropf. Spirit. absol. aufgekocht, erkaltet mit Oel, Benzol und 2 Tropf. *Ol. Citronell.* versetzt und beiseite gestellt. Nach $\frac{1}{2}$ Minute nimmt *B* dunkelen Ton an und ist im Verlauf dieser Minute schon dunkelviolett geworden. *A* zeigt nach der ersten Minute Farbenwandlung, indem es etwas dunkler wird und nach 5 Minuten von Oben betrachtet einen violetten Schimmer erkennen lässt, und in der 10. Minute ist *A* schon kräftig violett und nach der 15. Minute ist *A* sogar dunkelviolett.

Wäre das Violett von A nach $1/2$ Stunde zum Vorschein gekommen, so hätte man die Abwesenheit des Terpentinöls attestiren müssen. Im vorliegenden Falle wird das Terpentinöl in beiden Reactionen sicher erkannt. Sollte in dem Rectificat etwa ein dem Terpentinöl ähnlicher Körper vorliegen? Möglich wäre es.

Oleum Fagi aeth. (Rothbuchen-, Buchenöl). Harz mit 15 Tropf. Spirit. absol., Oel und Benzol aufgekocht und da erkaltet A und B gelb bleiben, werden 2 Tropf. *Ol. Citronell.* zugesetzt. Alsbald wird B dunkler und in 10 Minuten ist A kräftig gelb, B dunkelblauviolett, welche Farbendifferenz noch Stunden hindurch andauert.

Hierdurch ist die Abwesenheit des Terpentinöls mit aller Sicherheit angezeigt. Buchenöl verhält sich adiaphorisch.

I. *Oleum Foeniculi* (Fenchelöl). Harz mit Oel aufgekocht, A und B gelb. Nach Zusatz von Chloroform und Aufkochen A und B gelb. Nach einer Stunde zeigen A und B blaues Niveau, darunter eine klare gelbe Schicht. Nach dem Umschütteln ist A grün, B braun. Vier Stunden später ist A trübe gelb, B aber zeigt blaue Niveauschicht zur Hälfte, die untere Hälfte ist gelb. Agitirt zeigt B grüne Färbung. 15 bis 16 Stunden später ist A trübe, gelb, B in der oberen Hälfte blau, in der unteren gelb, nach dem Agitiren ist B grün. Diese Farbendifferenzen deuten auf Abwesenheit des Terpentinöls.

a) Oel, Harz und Benzol kalt gemischt ist A klar, B trübe. Erwärmt wird bei 60^0 A gelblich, B hellblau, bei 65^0 kräftiger blau. Bei 70^0 ist A gelblich, B blau, bei 80^0 A gelblich, B dunkelblau. Bei 90^0 wird A gelb, B kräftig grün. Aufgekocht ist A gelb, B grün mit violettem Ton. Das Oel ist somit frei von Terpentinöl.

II. *Oleum Foeniculi* (neu). Harz mit Oel aufgekocht: A klar, beim Erkalten trübe und gelb, B milchig trübe. Nach Zusatz von Chloroform und Aufkochen A und B gelb. Noch heiss ist B weit trüber als A. Nach Zusatz von 10 Tropf. *Spirit. absol.* und Aufkochen A und B klar und gelb. Nach dreistündigem Stehen ist bei A und B die obere Eindrittelschicht blau, die untere Zweidrittelschicht kräftig gelb, agitirt A bläulichlila, B gelbbraun mit lilafarbenem Anstriche, aufgekocht A violett, B himbeerfarben, einige Stunden später A blau, B himbeerroth. Dieses Verhalten deutet auf Terpentinölgehalt, wesshalb noch einige Modificationen der Reaction.

a) Harz mit Oel aufgekocht ist nach einigen Augenblicken A klar, gelb, B trübe, gelb, erkaltet A trübe, B milchig trübe. Nach Zusatz von Benzol und Aufkochen ist A sowohl wie B mässig violett (nicht dunkelviolett). Damit sind Andeutungen auf Terpentinölgehalt gewonnen, welcher allerdings nur gering zu sein scheint, wie auch die folgende Reaction erkennen lässt.

b) Harz, Oel und Benzol kalt gemischt und nun der Wärme ausgesetzt. Bei 40^0 A gelblich, B blassblau, bei 45^0 beginnt A am Niveau bläulich zu werden, wird aber agitirt wieder gelblich. Ebenso bei 50^0, während B blassblau bleibt. Nun aus dem Wasserbade entfernt und beiseite gestellt. Nach einer Stunde A blaugrün, B blau. Nach Zusatz von 10 Tropf. Spirit. absol. tritt Klarwerden ein und A ist grün, B rein blau, nun aufgekocht A und B hellgrün. Nach Reaction I a zu urtheilen müsste A am Schlusse gelbe Farbe zeigen, denn die grüne Farbe deutet hier auf Terpentinöl hin, da sie auch in B eintritt.

Oleum Galbani (Mutterharzöl). Harz mit 15 Tropfen Spirit. absol., Oel und Benzol aufgekocht: A und B gelb. Dieses Oel ist also ein adiaphorisches. Nach Zusatz von 5 Tropf. *Ol. Citronell.* erfolgt keine Veränderung. Nun aufgekocht: A gelb, B carminroth. Noch 2 Tropf. *Ol. Citronell.* zugesetzt und aufgekocht: A etwas dunkler gelb, B dunkelrothviolett, welche Färbung Dauer hat.

Diese Farbendifferenz beweist die Abwesenheit des Terpentinöls.

I. *Oleum Geranii Gallicum* (*Ol. Pelargonii rosei*). Harz mit 15 Tropf. Spirit. absol., Oel und Benzol aufgekocht: A

und *B* gelb. Erkaltet mit 5 Tropf. *Ol. Citronell.* versetzt, zeigt *B* sofort Farbenwandlung, sich bräunend. In 5 Minuten ist *A* noch rein gelb, *B* jedoch schön dunkelblau. Diese Farbendifferenz dauert stundenlange Zeit.

Das Oel ist also frei von Terpentinöl.

II. *Ol. Geranii* (Ostind.). Harz mit 15 Tropf. Spirit. absol., Oel und Benzol gemischt, zeigt *B* sofort violetten Ton, *A* ist gelb und im Verlaufe einer Minute (also ohne Erwärmen) ist *B* schön dunkelblau, *A* rein goldgelb, welche Farbendifferenz stundenlang andauert.

Damit ist die Abwesenheit des Terpentinöls erkannt. Dieses Oel erweist sich also als ein eminent stimulatorisches Oel.

III. *Ol. Geranii rectf.* (Ostind.). Harz mit 15 Tropf. Spirit. absol., Oel und Benzol schäumend aufgekocht: *A* und *B* gelb. Erkaltet mit 5 Tropf. *Ol. Citronell.* versetzt, nimmt *B* sofort dunkleren Ton an und ist in einer Minute dunkelviolett, *A* gelb. In der 2. Minute nimmt *A* dunklen Schimmer an, zum Violett sich neigend und in der 10. Minute zeigt *A* ein kräftiges Rothviolett und in der 20. Minute ist *A* fast so dunkel blauviolett wie *B*.

Dass hier ein geringer Terpentinölzusatz vorhanden ist (wie auch bei anderen rectif. Oelen), kann keinem Zweifel unterliegen.

I. *Oleum Hyssōpi* (Ysopöl, neue Waare). Harz mit 15 Tropf. Spirit. absol., Oel und Benzol aufgekocht: *A* und *B* gelb. Da in 15 Minuten kein Farbenwechsel eintritt, so Zusatz von 5 Tropf. *Ol. Citronell.* Sofort nehmen *A* und *B* dunkel-blauviolette Farbe an, womit die Gegenwart von Terpentinöl angedeutet ist. Daher eine andere Reactionsausführung.

a) Harz mit 15 Tropf. Spirit. absol., Oel, Benzol und 5 Tropf. *Ol. Cedri ligni* II. schwach aufgekocht: *B* nimmt sofort dunklen blauvioletten Farbenton an, *A* nur 10 Secunden später.

b) Harz mit 15 Tropf. Spirit. absol., Oel, Benzol und

1 Tropf. *Ol. Citronell.* aufgekocht, nehmen *A* und *B* im Verlaufe einer Minute kräftiges Violett an, welches nach 10 Minuten in Braun übergegangen ist, beim Aufkochen aber als dunkles Violett wieder hervortritt. Nach einer Stunde zeigen *A* und *B* gleiche gelbe Farbe. Wieder aufgekocht gehen *A* und *B* in Grünviolett über.

c) Harz mit 15 Tropf. Spirit. absol. aufgekocht, dann mit Oel, Benzol, 1 Tropf. *Ol. Citronell.* und 1 Tropf. *Ol. Cedri ligni* II. versetzt. Im Verlaufe einer Minute haben *A* und *B* kräftigen violetten Farbenton angenommen. In der 2. Minute ist *A* dunkel blauviolett, *B* dunkel röthlich blauviolett. Nun schäumend aufgekocht und beiseite gestellt, zeigt sich nach 12 Stunden in *A* und *B* gleiche Färbung, ein Gelbbraun, nach dem Aufkochen ein gleiches Violett.

Eine solche Uebereinstimmung der Farben in allen vier Reactionen lässt eine Verfälschung mit Terpentinöl mit Sicherheit annehmen.

II. *Ol. Hyssopi* (alt). Harz mit Oel aufgekocht: *A* und *B* klar gelb. Beim Erkalten *A* ziemlich klar, *B* trübe. Nach Zusatz von Chloroform und Aufkochen *A* und *B* blassgelb und ziemlich klar. Nach halbstündigem Stehen unverändert. Nun aufgekocht nach Zusatz von 10 Tropf. Spirit. absol. werden *A* und *B* gleich blau. Hier liegt also Terpentinölgehalt vor, was auch aus der folgenden Probe zu entnehmen ist:

a) Oel mit Harz aufgekocht: *A* und *B* gelb. Erkaltet *A* durchscheinend, *B* trübe. Nach Zusatz von Benzol erwärmt. Bei 55—60° tritt ein schwacher grünlicher Ton ein. *A* ist klar, *B* trübe, daher etwas gelblicher grünlich. Nach Zusatz von 10 Tropf. Spirit. absol. und beiseite gestellt sind nach einer Stunde beide klar, *A* von oben betrachtet mit mehr bläulichem Tone als *B*. Nach weiteren 15 Stunden sind *A* und *B* kräftig gelb, nach dem Aufkochen *A* blauviolett, *B* mehr röthlich violett. Ein Terpentinölgehalt ist hiernach nicht zu bezweifeln.

b) Oel mit Harz aufgekocht: *A* klar und gelb, *B* trübe

und gelb. Nach Zusatz von Amylalkohol erwärmt zeigen A und B bei 65° eine kräftig gelbe Färbung. Beiseite gestellt sind A und B nach 15 Stunden kräftig gelb. Aufgekocht geht die Farbe bei A und B durch Blau in schmutziges Braunviolett über. Auch diese Probe deutet auf Terpentinölgehalt, denn nirgends eine Differenz in der Färbung.

III. *Ol. Hyssopi.* Harz mit 15 Tropf. Spirit. absol., Oel und Benzol aufgekocht: A und B gelb. Nach Zusatz von 3 Tropf. *Ol. Citronell.* ist nach 5 Minuten A gelb, B violett, nach 15 Minuten A gelb, B dunkel violettblau, welche Differenz andauert.

Dieses Oel ist sonach frei von Terpentinöl. Hätte sich diese dritte Sorte Ysopöl in ihrem Verhalten den beiden vorher erwähnten ähnlich gezeigt, so hätte ich dieses Oel als ein dem Terpentinöl gleich ozonoprothymes ansehen müssen. Um Sicherheit in der Beurtheilung zu erlangen, entnahm ich aus einer Apotheke ein Ysopöl und dieses verhielt sich ebenso wie die Sorte sub III. Ysopöl ist also ein rein adiaphorisches Oel.

I. *Oleum Juniperi baccarum* (beste Sorte. Wachholderbeeröl, Kaddigbeeröl, etwa 4 Jahre alt). Harz mit Oel aufgekocht: A fast farblos, B bläulich grün, erkaltet A milchig trübe weiss, B trübe blau. Nach Zusatz von Chloroform A klar, kaum gelblich, B hellblau. Nach dem Aufkochen A gelblich, B dunkelblau. Beiseite gestellt nach einer Stunde A trübe gelblich, B blau. Dieses Oel ist also frei von Terpentinöl und erwies sich als ein stimulatorisches.

II. *Ol. Junip. bacc.* (2 Jahre alt). Oel und Benzol auf das Harz gegossen, tangiren dasselbe nur wenig. Trotz Agitirens bleibt die Flüssigkeit klar und farblos. Aufgekocht A und B unverändert, beim Erkalten bleibt A farblos, B aber wird bläulich, beide etwas trübe. Nochmals aufgekocht schwindet die blassblaue Farbe von B fast gänzlich, aber beiseite gestellt zeigt nach einer Stunde B blaue Färbung, während A weisslich und trübe bleibt. B ist ebenfalls trübe.

Auch dieses Oel ist frei von Terpentinöl und schwach stimulatorisch.

III. *Ol. Junip. bacc.* (No. 0, neu). Oel mit dem Harze aufgekocht: *A* und *B* zeigen blaue Färbung von gleicher Intensität, warm klar, erkaltet trübe. Mit Chloroform versetzt und aufgekocht: *A* und *B* zeigen nur eine Andeutung blauer Färbung, erkaltet zeigt aber *A* blassblaue oder bläuliche, *B* dunkelblaue Färbung. Wieder aufgekocht ist *A* gelblich mit bläulichem Schimmer, *B* aber kräftig blau. Diese Differenz bleibt nach längerem Beiseitestehen, auch nach nochmaligem Aufkochen. Da dieses Oel den Coniferen angehört, so ist selbstverständlich mit aller Vorsicht vorzugehen, um Terpentinöl darin zu erkennen. Mit Rücksicht auf das Verhalten der Oele sub I und II könnte ein mässiger Terpentinölgehalt angenommen werden. Nun wurde die Reaction ohne Kochung des Oeles versucht.

a) Harz mit 10 Tropf. Spirit. absol. aufgekocht, nach dem Erkalten Oel, Amylalkohol und 2 Tropf. *Ol. Citronell.* hinzugesetzt und beiseite gestellt. Nach 10 Minuten hat *A* bereits einen starken violetten Ton angenommen, während *B* grünlich ist. Nach einer halben Stunde *A* und *B* violett. Aufgekocht *A* und *B* dunkelviolett.

b) Die kalte Mischung aus Harz, Oel und Amylalkohol bis auf 60° erwärmt: *A* hellblau, *B* violettblau. Stark aufgekocht *A* und *B* gelb, beim Erkalten schnell in Blau übergehend, *A* jedoch mehrere Secunden später als *B*. Nach 2 Stunden wieder aufgekocht wird *A* röthlich gelbviolett, *B* dunkelblau. Hiernach ist Terpentinöl abwesend.

Nach den Resultaten der ersten und zweiten Reaction könnte eine völlige Abwesenheit des Terpentinöls nicht angenommen werden, denn beide Reactionen bieten keine genügende Farbendifferenzen. Uebrigens kann ja die Möglichkeit vorliegen, dass frisches Wachholderbeerenöl mit Terpentinöl oft eine Aehnlichkeit in der vorliegenden Reaction zeigt. Spätere Versuche werden hoffentlich Licht in die Sache werfen. Auffallend ist es, dass bei einem alten Oele (sub I. und II.) diese Aehnlichkeit nicht vorhanden ist.

IV. *Ol. Junip. bacc.* (No. I, neu). Harz mit Oel aufgekocht: *A* und *B* klar, von der Flamme entfernt sofort milchig trübe werdend (*A* mit violettem Schimmer). Nach Chloroformzusatz *A* und *B* klar, fast farblos. Aufgekocht zeigen beide keine Veränderung, nur haben sie gelbliche Farbe angenommen. Nochmals aufgekocht ein gleiches Verhalten. Erkaltet sind *A* und *B* stark trübe, gelblich weiss. Nach Zusatz von 3 Tropf. *Ol. Calami norm.* wird *A* sofort hellviolett, *B* gelb mit violetter Andeutung. Beide nehmen an Farbenintensität zu. Nach 1 Minute ist *A* dunkelviolett, *B* hellviolett. Nach dem Aufkochen *A* und *B* dunkelviolett. Nach 3 stündigem Beiseitestehen keine Veränderung, auch nicht nach dem Aufkochen. Nun 20 Tropf. *Ol. Copaivae* zugesetzt und aufgekocht: *A* roth mit violettem Schimmer, *B* tief dunkelviolett. Nach dem Aufkochen *A* blasser an Farbe, *B* dunkelviolett. Nun noch einmal aufgekocht *A* roth mit gelblichem Schimmer, *B* dunkelviolett.

Nach diesem Verhalten und den Farbendifferenzen zu urtheilen, scheint diese geringere Sorte des Oels kein Terpentinöl-haltiges zu sein, jedoch den Sorten sub I und II gegenüber wäre ein geringer Terpentinölgehalt, etwa zu 10 Proc. anzunehmen. Wird das Terpentinöl mit den Wachholderbeeren in die Blase gegeben, so dürfte es durch die Destillation mit dem Wachholderbeeröle eine geringe Veränderung erleiden, ebenso in Folge eines längeren Contacts mit dem Wachholderbeeröle. Dieser geringen Veränderung könnten auch die geringen Differenzen der Färbungen während der Reaction zugeschrieben werden.

a) Harz mit 10 Tropf. Spirit. absol. aufgekocht, mit Oel versetzt und aufgekocht: *A* und *B* gelb und wenig trübe. Nach Zusatz von Chloroform und Aufkochen *A* und *B* gelb und ziemlich klar. Erkaltet mit 1 Tropf. *Ol. Citronell.* versetzt und aufgekocht keine Veränderung. Nach dem Erkalten wurden 2 Tropf. *Ol. Citronell.* zugesetzt. Diese Tropfen am Niveau der Flüssigkeit nehmen sofort blauviolette Farbe an. Diese violette Schicht wird allmälig dicker und dunkler. Nachdem sie eine Dicke von 3 mm erlangt hatte, wurde umgeschüttelt und A und B zeigen gleiche violette Färbung. Aufgekocht A und B dunkelviolett.

b) Harz mit 10 Tropf. Spirit. absol. und Oel aufgekocht, dann Chloroform zugesetzt und wieder aufgekocht. Nach dem Erkalten wurden nun 3 Tropf. *Ol. Citronell.* zugesetzt und beiseite gestellt. Schon nach 10 Minuten sind A und B kräftig violett, B dunkler als A, nach dem Aufkochen A und B gleich dunkelviolett.

Die Proben a und b weichen in ihren Resultaten bedeutend von der Probe sub IV ab und lassen einen Terpentinölgehalt erkennen, doch auch die beiden folgenden Proben widersprechen dieser Annahme.

c) Harz mit 10 Tropf. Spirit. absol. aufgekocht. Nach dem Erkalten mit Oel und Benzol sowie 3 Tropf. *Ol. Citronell.* gemischt und ohne alle Erwärmung beiseite gestellt. Nach einer halben Stunde A gelb mit violettem Schimmer, B violett, nach weiterer halben Stunde A und B violett, A aber hellviolett, B dunkelviolett. Beim Aufkochen wird A weit heller an Farbe, B aber dunkler. Dieses letztere Verhalten ist von vorwiegendem Werthe für die Reaction.

d) Harz mit 10 Tropf. Spirit. absol. aufgekocht, mit Oel versetzt und aufgekocht: A und B gelb. Nach dem Erkalten mit Amylalkohol und 1 Tropf. *Ol. Citronell.* versetzt und beiseite gestellt. Nach 15 Minuten A gelb, B violett. Nach 20 Minuten nimmt A einen schwachen violetten Schimmer an und B ist dunkelviolett. Nach einer Stunde ist A hell bläulichgrün, B dunkelviolett.

Aus den Proben IV., besonders c) und d) ergiebt sich, dass dieses Oel (No. I, neu) nicht Terpentinöl enthält. Die Wachholderbeeröle zählen ebenfalls zu dem Coniferenöl, weshalb eine geringe Uebereinstimmung zwischen A und B nicht ausbleiben dürfte. Der Modus sub c) dürfte der beste bleiben, um Terpentinöl in den Juniperusölen zu erkennen.

V. *Ol. Juniperi bacc. optim.* (No. 0). Harz mit 15 Tropf.
Spirit. absol., Oel und Benzol aufgekocht: *A* und *B* gelb.
Erkaltet mit 5 Tropf. *Ol. Citronell.* versetzt, tritt in *B* dunklerer Ton nach Verlauf einer Minute ein und nach 2 Minuten
ist *B* dunkel rothviolett, *A* gelb. *A* hat in der 10. Minute
zwar dunkleren Ton angenommen und. ist braungelb, *B* aber
höchst dunkel blauviolett. In der 20. Minute ist *A* kräftig
rothviolett, im durchfallenden Lichte mit wenig gelblichem
Schimmer. In der 25. Minute ist *A* dunkel rothviolett. Nun
schäumend aufgekocht giebt *A* weisslichen Schaum, *B* blauen
ohne sonstige Veränderung. Gegen Lampenlicht bei durch-
fallendem Lichte betrachtet, lässt *A* Gelbroth erkennen, während *B* undurchsichtig blau ist. Nun beiseite gestellt. Nach
Verlauf von 12 Stunden zeigen *A* und *B* brillantes Klarsein,
A eine gelbbraune, *B* eine violette Farbe. Diese Differenz
der Farben im Anfange und am Schlusse der Reaction muss
als ein Zeichen für die Abwesenheit des Terpentinöls gelten.

Nach der Verdünnung mit einem gleichen Vol. Amylalkohol fiel die letztere Differenz besonders in die Augen und
nach dem Aufkochen wurde wieder beiseite gestellt. Es ist
doch auffallend, dass die beste Sorte Oel sich anders verhält, wie die minderen Sorten. Stellt man letztere etwa
durch Versetzen des reinen Wachholderbeeröls mit rectif.
Terpentinöl her, etwa ähnlich wie *Ol. Neroli* Sorte II?
(Man vergl. das auf Seite 16 über Neroliöl Erwähnte.)

a) Harz mit 15 Tropf. Spirit. absol. aufgekocht, dann
mit Oel, Benzol und 4 Tropf. *Ol. Cedri ligni* II. versetzt
und aufgekocht: *A* und *B* gelb, *B* zeigt aber alsbald Farbenwandlung, ohne jedoch intensivere Färbung anzunehmen, weshalb nach einer halben Stunde nach Zusatz von 2 Tropf.
Ol. Cedri nochmals aufgekocht wird: *A* zeigt nach 10 Minuten blassgelbe, *B* rothviolette Farbe, welche Differenz noch
10 Minuten andauert, wo sich in *A* ein violetter Ton ein-
findet.

Diese Differenz dürfte genügen, auf die Abwesenheit des
Terpentinöls zu schliessen.

VI. *Ol. Juniperi bacc.* (No. I). Harz mit 15 Tropf. Spirit. absol., Oel und Benzol aufgekocht: im Verlaufe einer halben Stunde keine Veränderung, *A* und *B* gelb. Nun mit 1 Tropf. *Ol. Citronell.* versetzt und aufgekocht, wird *B* alsbald dunkelviolett, *A* bleibt gelb, geht aber in der 3. Minute in Gelbroth, in der 5. Minute in durchsichtiges Rothviolett über, während *B* dunkles undurchsichtiges Blauviolett zeigt. Nach einer halben Stunde ist in *A* das Gelb mehr vorherrschend und nach einer Stunde ist *A* gelb mit schwachem violetten Schimmer, gegen Lampenlicht betrachtet sogar gelb, während *B* den blauvioletten Ton auch gegen Lampenlicht erkennen lässt.

Hiernach muss die Abwesenheit des Terpentinöls angenommen werden.

Nach Verlauf von 12 Stunden sind *A* und *B* sehr klar, *A* bräunlich gelb, *B* bräunlich rothviolett und dunkler als *A*. Nach Verdünnung mit gleichem Vol. Benzol im durchfallenden Lichte betrachtet ist *A* gelblich, *B* aber bläulich-violett, und aufgekocht *A* grünlich gelb, *B* violett. Nach einer halben Stunde zeigte im durchfallenden Lichte *A* gelbe Färbung mit grünlichem Stiche, *B* bläuliches Violett.

Aus diesen letzteren, sowie auch aus den ersteren Resultaten kann die Abwesenheit des Terpentinöls mit aller Gewissheit angenommen werden.

a) Harz mit 15 Tropf. Spirit. absol., Oel, Benzol und 6 Tropf. *Ol. Cedri ligni* aufgekocht: *B* zeigt alsbald Farbenwandlung, in Violett übergehend, *A* ist gelb mit röthlichem Anhauche, *B* hellviolett. Nach einer halben Stunde mit 2 Tropf. *Ol. Cedri* versetzt und aufgekocht, zeigt *A* im durchfallenden Lichte gelbe Farbe mit schwachem violetten Schimmer, welcher allmählich schwindet, *B* ist kräftig röthlich-blauviolett.

Diese Differenzen der Farben lassen also die Abwesenheit des Terpentinöls sicher behaupten.

Ol. Juniperi empyreumat. (Ol. cadinum, Kaddigöl). Harz (0,15 g) mit 30 Tropf. Spirit. absol. aufgekocht, dann mit

15 Tropf. *Ol. cadin.* (in *B* auf 13 Tropf. *Ol. cadin.* 3 Tropf. Terpentinöl) und 2 ccm Benzol versetzt und aufgekocht: *A* und *B* zeigen gleich kräftig-braune Farbe. Nach Zusatz von 10 Tropf. *Ol. Citronell.* und Aufkochen erfolgt nur insoweit eine Veränderung, als *A* etwas heller erscheint als *B*. Im Laufe weiterer Behandlung konnte keine erhebliche Differenz erreicht werden.

Bei diesem Oele scheint, wenn es eine dunkle Farbe hat, die Guajakreaction nicht angebracht zu sein.

I. *Oleum Juniperi ligni* (Wachholderöl, Kranewettöl, alt). Harz mit Oel auf 90° erwärmt: *A* trübe, *B* klar. Aufgekocht: *A* klar grünlich, *B* trübe grünlich, beide beim Erkalten blauer werdend. Erkaltet *A* weisslich trübe, *B* blaugrün trübe. Nach Chloroformzusatz *A* ziemlich klar und gelblich, *B* ziemlich klar und blau. Nach dem Aufkochen *A* gelb, *B* dunkelblau. Dieses Oel ist somit frei von Terpentinöl und wie das folgende ein stimulatorisches Oel.

II. *Ol. Junip. ligni* (neu). Oel und Harz aufgekocht klar und farblos, erkaltend *A* trübe weiss, *B* weniger trübe. Chloroform macht klar und nach dem Aufkochen *A* und *B* klar und farblos. Nach Zusatz von 5 Tropf. absol. Weingeist und Aufkochen sind *A* und *B* gelblich. Beiseite gesetzt sind nach 12 Stunden *A* und *B* gelb und klar, aufgekocht *A* und *B* gelb, aber *B* geht schnell ins Bläuliche, nach 2 Minuten in Blau über. Obgleich mit dieser Farbendifferenz die Abwesenheit des Terpentinöls erkannt ist, so doch noch einige Modificationen der Reaction.

a) Oel mit Harz aufgekocht und mit Benzol versetzt: *A* klar, blassblau, *B* klar und kräftig blau. Beiseite gestellt sind nach 12—15 Stunden *A* und *B* sehr hellblau. Beim Aufkochen wird *A* anfangs farblos, *B* blassblau, nach dem Aufkochen aber *A* blassblau, *B* dunkelblau. Dieses Blasserwerden beim Aufkochen ersetzt hier die Farbendifferenz.

b) Oel mit Harz aufgekocht, dann mit Benzol und 10 Tropf. Spirit. absol. versetzt und beiseite gestellt. Nach 12 Stunden *A* und *B* gleich, nämlich Niveauschicht, $^3/_4$ Vol. der ganzen Schicht ausmachend, schön hellblau, die untere Schicht (¼ Vol.) gelb. Aufgekocht *A* hellgelb, *B* hellblau, im durchfallenden Lichte mit gelblichem Schimmer.

Hiernach ist das Wachholderholzöl frei von Terpentinöl. Man beachte, dass auch dieses Oel ein Coniferenöl ist, also mit Terpentinöl einigermaassen connivirt. Zur schnelleren Abfertigung der Reaction diene folgender Vorgang.

c) Harz mit 10 Tropf. Spirit. absol. aufgekocht, dann kalt gemischt mit Oel, Benzol und 3 Tropf. *Ol. Citronell.* Nach einer Minute nahm *B* schon einen violetten Schein an, welcher in der zweiten Minute bereits reinem Violett Platz machte, während *A* noch gelb war. In der 5. Minute *A* gelb, *B* kräftig violett. Dieses Verhalten ist nach 15 und 20 Minuten noch dasselbe, dann tritt in *A* allmählich violetter Ton ein. Das Oel ist hiernach sicher als ein von Terpentinöl freies anzusehen.

Oleum Kikekunemalo. Harz mit Oel aufgekocht und erkaltet: *A* und *B* milchig trübe, gelblich. Mit Chloroform versetzt und aufgekocht, *A* und *B* gelb, kaum trübe. Erkaltet mit 2 Tropf. *Ol. Citronell.* versetzt und aufgekocht: *A* und *B* gelb, nun aber wird *B* sofort braun, dann kräftig braunroth, in 2 Minuten dunkel braunroth, *A* bleibt gelb. Das Oel ist also frei von Terpentinöl.

Oleum Lanae silvestris (Waldwollöl). Harz mit 15 Tropf. Spirit. absol., Oel und Benzol aufgekocht: *A* und *B* gelb. Erkaltet mit 5 Tropf. *Ol. Citronell.* versetzt, erfolgt keine Veränderung, aber aufgekocht wird *B* dunkler. Nach zweimaligem Zusatz von 5 Tropf. *Ol. Citronell.* und jedesmaligem Aufkochen zeigt *A* gelbe, *B* tief dunkelrothe Färbung.

Dieses Kiefernadelöl enthält somit kein Terpentinöl.

Oleum Lauri bacc. aethereum (äth. Lorbeeröl). Harz mit 15 Tropf. Spirit. absol., Oel und Benzol aufgekocht: *A* und *B* gelb, mehr hellgelb. Da im Verlaufe einer Viertelstunde keine Farbenwandlung eintritt, Versetzen mit 2 Tropf. *Ol. Citronell.* und Aufkochen. *B* nimmt sofort violetten Ton an und zeigt im Verlaufe einiger Secunden dunkles Blauviolett,

A ist gelb wie vorher und hält auch weiterhin dieselbe Farbe, denn nach 15 Stunden war *A* noch gelb und *B* violett, nur blasser.

Damit ist die Abwesenheit des Terpentinöls mit aller Sicherheit erwiesen.

Oleum Lauro-Cerasi (Kirschlorbeeröl). Harz mit 15 Tropf. Spir. absol., Oel und Petrolbenzin aufgekocht: *A* und *B* gelb. Da im Verlaufe von 15 Minuten keine Farbenwandlung eintritt, so Zusatz von 15 Tropfen *Ol. Citronellae* (man vergl. unter *Ol. Amygd. am. aeth.*). Nach 5 Minuten meldet *B* Wandelung der Farbe an, indem es bräunlich wird und allmählich in Violett übergeht, *A* rein gelb. Nach einer Stunde *B* dunkelblauviolett, *A* gelb wie im Anfange. Diese Farbendifferenz dauert noch längere Zeit.

Dieses Oel ist somit total frei von Terpentinöl.

I. *Oleum Lavandulae opt.* (Lavendelöl, alt). Oel und Harz in ein Bad von 55—60° eingesetzt, bleibt *A* farblos, aber *B* wird blau. Beim Erkalten *A* hellblau, *B* dunkelblau. Nach Zusatz von Chloroform *A* hellblau, *B* dunkelviolettblau. Nach einer Stunde gleiche Färbung. Nun nimmt beim Aufkochen *A* einen gelblichen Ton an, während *B* tiefdunkelblau wird. Diese letztere Erscheinung ist von vielem Werthe und lässt die Abwesenheit des Terpentinöls annehmen, obgleich das erste Reactionsverhalten auf Terpentinöl deutet. Desshalb noch eine andere Probe:

a) Harz, Oel und Benzol kalt in den Cylinder gegeben. Nach 5 Minuten nimmt *B* blauen Ton an, während *A* gelb ist, und in einer Viertelstunde ist *A* gelb, *B* aber dunkelblau. Nun tritt auch in *A* violetter Schimmer auf, in Blassblau und nach dreiviertel Stunden in Dunkelblau übergehend.

Wenn man das Verhalten der Oele sub II, IV, V und IX erwägt, so dürfte dieses Lavendelöl, wenn auch nicht viel, so doch höchstens 2—3 Proc. Terpentinöl enthalten.

II. *Ol. Lavandul.* (alt). Harz mit Oel agitirt: trübe Mischung, aufgekocht: *A* gelblich, *B* grün. Mit Chloroform gemischt *A* und *B* gelb. Aufgekocht *A* und *B* gelb, *B* etwas kräftiger gelb. Nach Zusatz von 10 Tropfen Spirit. absol. aufgekocht: *A* und *B* gelb und klar. Beiseite gestellt ist nach 7 Stunden *A* gelb, *B* braungelb. Aufgekocht bleibt *A* gelb und *B* nimmt violetten Ton an, welcher bis zu dunklem Violett zunimmt, dieses Oel wirkt also stimulatorisch.

a) Harz mit 15 Tropfen Spirit. absol., Oel und Benzol aufgekocht: *A* und *B* gelb. Nach Zusatz von 2 Tropfen *Ol. Citronell.* und Erhitzen bis zum Aufkochen: *A* gelb, *B* dunkelblau, welche Färbungen Bestand haben.

Diese Farbendifferenzen in beiden Reactionsvorgängen zeigen an, dass dieses Oel total frei von Terpentinöl ist.

III. *Ol. Lavandul.* (No. II, alt). Harz, Oel, Chloroform gemischt nehmen bei 70° grünen Ton an. Beiseite gestellt zeigt *A* nach 15 Stunden eine 1,5 mm dicke Niveauschicht von bläulicher Farbe, darunter ist die Schicht gelb. Bei *B* ist die blaue Niveauschicht 3 mm dick. Die untere Schicht ist gelb. Aufgekocht werden *A* und *B* dunkelviolett.

a) Harz mit Oel in das Wasserbad gesetzt nimmt bei 85—90° grünlich gelbe Farbe an, *A* und *B* sind klar. Nach Zusatz von Benzol *A* trübe, *B* klar und grünlich, bei 70—75° beide blauviolett, *A* trübe, *B* klar, aufgekocht *A* und *B* dunkelblau.

Hiernach ist ein Terpentinölgehalt gegenwärtig. Um sicheres Resultat zu erlangen, noch folgende Reactionen.

b) Harz, Oel und Benzol in den Cylinder gegeben (das Harz am Boden hängt sich fest und dicht an). Bei 60° tritt bläulicher Schimmer ein. Nun beiseite gestellt zeigen sich nach 15 Stunden *A* und *B* gleich, die obere Schicht bläulich, die untere Schicht gelb. Aufgekocht *A* violett mit gelblichem Schimmer, *B* mehr blauviolett.

c) Harz mit 10 Tropfen Spirit. absol. aufgekocht, dann mit Oel, Amylalkohol und 3 Tropfen *Ol. Citronellae* gemischt, nun beiseite gestellt. Nach einer Stunde *A* und *B* gleich grünlich mit violettem Schimmer.

d) Harz mit 15 Tropfen Spirit. absol. aufgekocht, mit Oel, Benzol und 5 Tropfen *Ol. Citronellae* versetzt: *A* und *B* gelb, aber *B* nimmt sofort violetten Ton an und *A* folgt nach einer halben Minute, so dass nach 4 Minuten *A* und *B* dunkelblauviolett erscheinen.

Dieses ähnliche Verhalten in allen 4 Reactionsverfahren lassen einen Terpentinölgehalt von mindestens 10 Proc. mit aller Sicherheit erkennen.

IV. *Ol. Lavandulae* (No. Ia). Harz mit Oel schwach aufgekocht: *A* gelb, *B* dunkelbraunviolett. Nach Zusatz von Chloroform und aufgekocht: *A* gelb und *B* dunkelbräunlichviolett. Diese Farbendifferenz dauert eine Stunde. Dieses Oel ist also frei von Terpentinöl, auch zeigt dieses Lavendelöl einen stimulatorischen Charakter.

V. *Ol. Lavandul.* (No. 00). Harz mit 15 Tropfen Spirit. absol., Oel und B e n z o l aufgekocht: *A* und *B* gelb. Erkaltet mit 2 Tropfen *Ol. Citronell.* versetzt: Im Verlaufe einer halben Minute nimmt *B* bräunliche Färbung an und nach 5 Minuten ist *B* roth, *A* noch gelb. Nach 15 Minuten ist *B* kräftiger roth, *A* gelb, und in der 30. Minute ist *B* violett (nicht dunkel), *A* aber so gelb wie im Anfange. Diese Farbendifferenz dauert noch viele Stunden hindurch.

Dieses Resultat lässt mit aller Sicherheit die Abwesenheit des Terpentinöls erkennen, so auch die folgende Reaction:

a) Harz mit 15 Tropfen Spirit. absol., Oel, Benzol und 4 Tropfen *Ol. Cedri ligni* (II) aufgekocht: *A* und *B* gelb, *B* nimmt aber bald rothen Ton an, welcher wenig an Intensität zunimmt. Nun 10 Tropfen *Ol. Citronell.* zugesetzt wird *B* sofort kräftiger roth und geht alsbald in dunkles Violett über, *A* bleibt gelb. Nach 10 Minuten ist *B* blauviolett, dunkel und undurchsichtig, *A* aber so gelb wie im Anfange. Dieselbe Differenz war auch noch nach 4 Stunden vorhanden. Nach 12 Stunden bildeten *A* und *B* kräftig gelbe oder bräunlichgelbe klare Flüssigkeiten, welche aufgekocht in *A* kräftig gelbe, in *B* dunkelviolette Farbe zeigten. Das Verhalten dieses Oels ist gegenüber den anderen Oelen ein musterhaftes und lässt mit aller Sicherheit die Anwesenheit des Terpentinöls verneinen.

VI. *Ol. Lavandul.* (Quintessenz). Harz mit 15 Tropfen Spirit. absol., Oel und Benzol aufgekocht, nimmt *B* alsbald violette Farbe an und ist im Verlaufe einer Minute dunkelviolett, *A* ist gelb, nimmt aber nach einer halben Minute ebenfalls violetten Ton an und nach 1 Minute ist *B* nur dunkler als *A*. Die Farbe beider Proben ist eine gleiche im durchfallenden Lampenlichte betrachtet.

Dass hier eine Fälschung mit Terpentinöl vorliegt, steht fest. Doch noch ein zweiter Versuch:

a) Harz mit 15 Tropfen Spirit. absolut. aufgekocht, erkaltet mit dem Oele, Benzol und 5 Tropfen *Ol. Citronell.* versetzt und beiseite gestellt. *B* nimmt alsbald violetten Ton an und ist im Verlaufe einer Minute dunkelviolett, *A* gelb mit sehr schwachem violettem Schimmer, welcher aber in der 2. Minute an Intensität zunimmt und in der 5. Minute dem Dunkelviolett in *B* völlig gleich ist. Nach 4 Stunden ist *A* hellblau, *B* dunkelblauviolett.

Eine Fälschung mit mindestens 10 Proc. Terpentinöl liegt mit aller Sicherheit vor.

VII. *Ol. Lavandul.* (No. I). Harz mit 15 Tropfen Spirit. absol., Oel und Benzol aufgekocht: *A* und *B* gelb. Erkaltet mit 2 Tropf. *Ol. Citronell.* versetzt tritt in *B* nach einer halben Minute Wandel ein, violetten Ton annehmend. Auf etwa 30° C. erwärmt ist *B* tief dunkelviolett, *A* gelb, aber es setzt nun violetten Ton an und während *B* dunkelblauviolett geworden ist, zeigt *A* dunkles Rothviolett. Hätte letztere Färbung einen minder dunklen Ton gezeigt, so hätte man auch die Abwesenheit des Terpentinöls annehmen können. Eine weitere Prüfung wird entscheiden:

a) Wie vorstehend vorgegangen, nur in Stelle des *Ol. Citronell.* 3 Tropf. *Ol. Cedri ligni* (II) zugesetzt und aufgekocht: *A* gelb, *B* nimmt alsbald violetten Ton an, dunkler werdend, und nach 3 Minuten ist *B* rothviolett. *A* nimmt nun violetten Schimmer an und wird bräunlich gelb. Nochmals aufgekocht zeigt *A* gelbe Farbe mit violettem Schimmer, *B* gleiche Farbe nur etwas mehr violett. Mit weiteren

4 Tropf. *Ol. Cedri* versetzt und aufgekocht, zeigen sich die Farben in *A* und *B* dunkler, in *B* ist aber mehr das Violett, in *A* das Gelb im durchfallenden Lichte vorherrschend.

Wäre nach diesen Resultaten schliessend Terpentinöl gegenwärtig, so dürfte es etwa zu 5—6 pCt. vertreten sein.

b) Harz mit 15 Tropf. Spirit. absol. aufgekocht, erkaltet mit Oel, Chloroform und 3 Tropf. *Ol. Citronell.* versetzt und beiseite gestellt. In *B* tritt sofort Wandlung der gelben Farbe ein und im Verlaufe einer Minute ist *B* tief dunkelrothviolett, *A* aber gelb. In der 2. Minute tritt in *A* Farbenwandlung ein, Gelb ist aber vorherrschend, während *B* stark dunkles Blau aufweist. In der 3. Minute zeigt *A* dunkles Rothviolett, dem blauen Tone sich zuneigend, nach weiteren 2 Minuten ist *A* so dunkelblau wie *B*.

Diese rapide Zunahme der gleichen Färbung in *A* und *B* deutet sicher auf Terpentinölgehalt.

VIII. *Ol. Lavandul. rectif.* Harz, 15 Tropf. Spirit. absol., Oel und Benzol aufgekocht: *A* und *B* gleich hellgelb. Erkaltet mit 2 Tropf. *Ol. Citronell.* versetzt. In einer halben Minute zeigt *B* Wandlung, violetten Ton annehmend, welcher schnell an Intensität zunimmt und in der 5. Minute dunkles Rothviolett zeigt. In der 6. Minute fängt *A* an violetten Schimmer anzunehmen. In der 10. Minute zeigt *A* Rosafarbe, im durchfallenden Lichte gelben Ton, doch nach 15 Minuten ist *A* und *B* gleich dunkelblauviolett. Auch in diesem Oele muss ein geringer Terpentinölgehalt angenommen werden.

IX. *Ol. Lavandul.* Harz mit 15 Tropf. Spirit. absol., Oel und Benzol übergossen, stellt sich im Verlaufe einer halben Minute in *B* sofort blaue Färbung ein, welche nach 10 Minuten tief dunkelblau ist, dagegen zeigt *A* reine hellgelbe Farbe. Ein Aufkochen ist hier also gar nicht nöthig. Nach einstündigem Stehen nahm *A* einen bläulichen Schimmer an, welcher aber beim Aufkochen sofort schwand. *B* war noch dunkelblau. Dieses Oel ist ein stimulatorisches.

Dieses Oel ist nach dem Resultate der Reaction mit aller Sicherheit als terpentinölfrei zu beurtheilen.

Die Reactionen sub II, IV, V und IX lassen erkennen, dass ein terpentinölhaltiges Lavendelöl häufig vorkommt. Unter 9 Sorten nur 4 terpentinölfreie!

Ol. Lemongras. Siehe *Ol. Trachypogōnis.*

I. *Ol. Limettae* (Limettenöl, von *Citrus Limetta Risso*). Das Oel mischt sich nicht mit dem Harzpulver, wohl aber terpentinölhaltiges: *A* klar, *B* trübe. Aufgekocht und erkaltet *A* und *B* trübe und nach Zusatz von Chloroform ziemlich klar. Aufgekocht keine Veränderung. Erkaltet mit 2 Tropf. *Ol. Calami normal.* versetzt zeigt sich nach einer Minute *A* schwach gelblich trübe, aber *B* hat violetten Ton angenommen und ist schon nach 2 Minuten hellviolett. Nach 5 Minuten ist *A* gelblich, schwachen violetten Schimmer zeigend, *B* violett. Etwas erhitzt *A* blassviolett, *B* dunkelviolett.

Das Limettenöl scheint einer ähnlichen Fälschung mit *Ol. Pini Laricis* wie das *Ol. Aurant. dulc.* ausgesetzt zu sein. Wie wir die Bergamottöle, wie auch einige Apfelsinen- und Citronenöle für Nichtozonoprothymöle erkannten, so dürfte auch das Limettenöl als ein Aurantiaceenöl ebenfalls kein ozonoprothymes sein. Limettenöl wird aus den Fruchtschalen und den Blüthen von *Citrus medica L. γ Limetta, Citrus Limetta Risso* gewonnen.

a) Harz mit 10 Tropf. Spirit. absol. aufgekocht und mit Oel und Amylalkohol versetzt, dann 2 Tropf. *Ol. Citronellae* dazu gegeben und erwärmt. Bei 55—60° tritt bei *B* violette Färbung ein, *A* gelb. Beiseite gestellt ist nach einer Minute *B* hellviolett. Nach einer Stunde *A* grünlich, *B* hellviolett. Schwach aufgekocht ist *A* hellviolett, *B* dunkelviolett.

Nach diesen Reactionen zu urtheilen, wäre nur eine sehr geringe Menge Terpentinöl oder Lärchenbaumöl gegenwärtig.

II. *Ol. Limettae.* Harz mit 15 Tropf. Spirit. absol. aufgekocht, dann mit Oel und Benzol versetzt und aufgekocht

A und *B* hellgelb. Erkaltet mit 3 Tropf. *Ol. Citronell.* versetzt. Da im Verlaufe einer Viertelstunde keine Farbenwandlung eintritt, so Zusatz von weiteren 3 Tropf. Citronellöl. In *B* tritt sofort kräftiges Violett ein und in 2 Minuten erscheint dasselbe dunkelviolett. *A* ist noch gelb, setzt aber in der 5. Minute ebenfalls Wandel der Farbe ein und erscheint in der 8. Minute gelbroth. In der 10. Minute ist *A* mässig rothviolett, *B* dunkelblauviolett. In der 15. Minute ist *A* etwas kräftiger rothviolett, doch zeigt sich im durchfallenden Lichte immer noch ein gelber Schimmer. Erst in der 25. Minute nimmt *A* bläulichen Schimmer an, Rothviolett ist vorherrschend.

Diese Farbendifferenzen lassen die Annahme von der Abwesenheit des Terpentin- oder Lärchenbaumöls als eine richtige erkennen, wie dies auch die folgende Probe bestätigt. Das Oel erscheint als ein ozonoprothymes.

a) Harz mit 15 Tropf. Spirit. absol., Oel und Benzol aufgekocht: *A* und *B* gelb, auch nach Verlauf einer Viertelstunde. Nun wurden 6 Tropf. *Ol. Spicae* (von schwach stimulatorischer Kraft) zugesetzt und aufgekocht: *A* gelb, *B* violett, welche Farbe mehrere Stunden hindurch andauert.

Damit ist die Reinheit des Limettenöls bekundet. Bei den Aurantiaceenölen empfiehlt sich die Anwendung eines schwachen stimulatorischen Oeles.

III. *Ol. Limettae* (wenigstens 2 Jahre alt). Harz mit 15 Tropf. Spirit. absol., Oel und Benzol aufgekocht: *A* und *B* hellgelb. Nach Zusatz von 2 Tropf. *Ol. Citronellae* und Aufkochen *A* gelb, *B* violett. Beim Beiseitestehen wird im Verlaufe einer Viertelstunde *A* kräftiger gelb, *B* dunkelblauviolett. Erst nach einer halben Stunde findet sich auch in *A* violetter Schimmer ein, so dass nach Verlauf einer weiteren halben Stunde *A* bräunlichgelb, *B* aber tief dunkelblau erscheint. Dieses Oel scheint kein ozonoprothymes zu sein.

Bei dieser bedeutenden Farbendifferenz ist mit aller Sicherheit die Abwesenheit des *Ol. Laricis* und *Ol. Terebinth.* anzunehmen.

Oleum Lithanthracis rectif. (rectif. Steinkohlentheeröl).
Harz mit 20 Tropf. Spirit. absol., Oel und Benzol aufgekocht: *A* und *B* blassgelblich. Noch warm mit 5 Tropf. *Ol.
Citronell.* versetzt: *A* blassgelb, *B* im Verlaufe einer Minute
dunkel blauviolett. Dann nimmt auch *A* röthlichen Ton an,
welcher intensiver wird und in der 10. Minute kräftig violett
ist. Nach einer Stunde ist *A* hell blauviolett und durchsichtig, *B* tief dunkel blauviolett. Nun wieder aufgekocht: keine
Veränderung.

Diese Reaction könnte auf einen geringen Terpentinölgehalt hindeuten, jedoch lässt die folgende Probe auf völlige
Abwesenheit des Terpentinöls schliessen:

a) Wie vorstehend behandelt, nur in Stelle des Citronellöls ein milderes Stimulans, also 10 Tropf. *Ol. Cedri ligni* (II).
angewendet. Nach dem Aufkochen zeigt *B* Farbenwandlung
unter Annahme leichten violetten Tones. Da dieser nicht
kräftiger wird, so Zusatz eines Tropf. *Ol. Citronell.* und Aufkochen: *A* hellgelb, *B* kräftig rothviolett. Nach einer Stunde
ist *A* gelb, *B* gelbbraun. Wieder aufgekocht *A* hellgelb, *B*
rothviolett. Nach einer halben Stunde *A* hellgelb, *B* braungelb. Wieder aufgekocht: ein gleiches Resultat, nämlich *A*
hellgelb, *B* rothviolett.

Diese Farbendifferenz genügt, um die Abwesenheit des
Terpentinöls anzunehmen.

I. *Oleum Macidis* (Muscatblüthenöl). Wird Oel auf das
Harz gegossen, so backt dieses zusammen. Harz mit Oel
aufgekocht wird beim Erkalten *A* weisslich trübe, *B* wenig
trübe und fast farblos. Nach Zusatz von Chloroform *A* und
B klar, aufgekocht *A* und *B* klar und kaum gelblich. Nach
Zusatz von 10 Tropf. Spirit. absol. und Aufkochen *A* und *B*
gelb und klar. Beiseite gestellt sind beide nach 7 Stunden
unverändert, auch nach 15 Stunden, selbst nach dem Aufkochen. Nun mit 6 Tropf. *Ol. Citronellae* versetzt und aufgekocht *A* gelb, *B* violett, welche Farbendifferenz andauert.
Damit ist die Abwesenheit des Terpentinöls erwiesen.

a) Harz mit 10 Tropf. absol. Weingeist aufgekocht, dann

mit Oel und Benzol versetzt und nach Zusatz von 4 Tropf.
Ol. Citronellae aufgekocht: *A* gelb, *B* dunkelviolett. Beiseite
gestellt wird erst nach Verlauf von 40 Min. *A* hellviolett.

Dieses Macisöl ist sonach frei von Terpentinöl, wie auch
die folgende Probe ergiebt:

b) Harz und Oel gekocht, Benzol zugesetzt und aufgekocht: *A* und *B* anfangs klar und gelblich, *B* nimmt aber
bläulichen Ton an, welcher allmählich stärker wird. Erkaltet
A und *B* trübe. Nach einer Stunde *A* gelblichweiss, *B* kräftig blau. Nach Zusatz von 10 Tropf. Spirit. absol. erscheint
A klar gelb, *B* klar blauviolett. Beiseite gestellt wird das
Blau von *B* allmählich blasser, Macisöl zeigt nämlich einen
schwachen antiozonoprothymen Charakter.

II. *Oleum Macidis* (neue Waare). Harz mit 10 Tropf.
Spirit. absol. aufgekocht, dann mit Oel, Chloroform und
2 Tropf. *Ol. Citronell.* versetzt und aufgekocht. *A* und *B*
gelb und ziemlich klar. Wieder 2 Tropf. *Ol. Citronell.* zugesetzt und aufgekocht, keine Veränderung. Zum dritten
Male 2 Tropf. *Ol. Citronell.* zugesetzt und aufgekocht. *B*
erscheint nun kräftiger gelb. Nun weitere 2 Tropf. *Ol. Citronell.* hinzugesetzt und aufgekocht: *A* gelb, *B* nimmt violetten Ton an. Nochmals aufgekocht *A* gelb, *B* violett.
Das Violett schwindet sehr bald. Damit ist Abwesenheit des
Terpentinöls und der antiozonoprothyme Charakter erkannt.

a) Harz, 10 Tropf. Spirit. absol., Oel, Amylalkohol
und 6 Tropf. *Ol. Citronell.* in den Cylinder gegeben und
aufgekocht: *A* gelb, *B* nimmt violetten Ton an, welcher
aber innerhalb 5 Minuten wieder schwindet. Nochmals aufgekocht tritt während des Kochens bei *B* das Violett wieder
ein, um alsbald zu schwinden. Nach Zusatz von weiteren
2 Tropf. *Ol. Citronell.* wird beim Aufkochen *B* kräftig violett, aber *A* bleibt gelb. Noch 2 Tropf. *Ol. Citronell.* zugesetzt und aufgekocht wird *B* dunkelviolett. Nach dem
Kochen geht das Violett schnell in braunes Violett und dann
in Braun über, während *A* braungelb erscheint.

Dieses Macisöl ist also frei von Terpentinöl und zeigte

wie das Oel sub I zugleich ein **antiozonoprothymes** Verhalten, es hat also die Eigenschaft das Violett zu stören, wovon in manchen Fällen Gebrauch gemacht werden kann, z. B. bei Prüfung einiger Ozonoprothymöle.

III. *Ol. Macidis* (neue Waare). Harz, mit 15 Tropf. Spirit. absol., Oel und **Benzol** aufgekocht: *A* und *B* gelb. Nach dem Erkalten 10 Tropf. *Ol. Citronell.* zugesetzt. Es sind 10 Tropf. zu nehmen, weil *Ol. Macidis* auf die stimulatorische Eigenschaft des Citronellöls lähmend einwirkt: *A* und *B* gelb, *B* aber nimmt sofort rothen Ton an und in 3 Minuten zeigt es tiefes Dunkelblau. In der 2. Minute hat aber auch *A* rothen Farbenton angenommen, welcher intensiver wird, in der 6. Min. schon kräftiges Violett bildet und in der 10. Minute so dunkelblau wie *B* wird. Dieses Reactionsresultat lässt auf Terpentinöl schliessen oder es wurde zuviel *Ol. Citronell.* zugesetzt.

a) Harz mit 15 Tropf. Spirit. absol., Oel und **Benzol** aufgekocht: *A* und *B* gelb. Nach dem Erkalten Zusatz von 4 Tropf. *Ol. Citronell.* Da im Verlaufe einer halben Stunde kein Farbenwandel eintritt, so Zusatz von 2 Tropf. Citronellöl. Nun erst nimmt *B* dunkleren Ton an, welcher aber nicht intensiver wird, weshalb weitere 4 Tropf. Citronellöl zugesetzt werden. Sofort zeigt *B* ein kräftiges Rothviolett; *A* nur gelbe Farbe. Nach 2 Minuten ist *B* dunkel rothviolett mit bläulichem Schimmer und nach 10 Minuten dunkel blauviolett, *A* aber kräftig gelb. Diese Farbendifferenz dauert noch über 3 Stunden hinaus, nur wandelt sich das Violett in *B* mehr in Braun um und *A* wird dunkelgelb.

Dieser Reactionsverlauf mit dem ersteren verglichen zeigt, dass die Reaction auch von dem Maasse und der Zeit des Zusatzes des stimulatorischen Oels abhängt. In der einen wie in der anderen Probe sind gleichviel Tropfen Citronellöl in Anwendung gekommen, in der zweiten nur nach und nach in Pausen, und dennoch ein so bedeutend verschiedenes Resultat. Also auch in dieser Weise lassen sich die Reactionsvorgänge modificiren. Diese zweite Reaction lässt mit aller Gewissheit die Abwesenheit des Terpentinöls erkennen.

IV. *Ol. Macidis.* Harz mit 15 Tropf. Spirit. absol., Oel und Benzol aufgekocht: *A* und *B* hellgelb. Nach Zusatz von 5 Tropf. *Ol. Citronell.* wiederum aufgekocht: *A* gelb mit violettem Schimmer, *B* dunkel violettblau, *A* nimmt aber sofort dunkleren violetten Ton an und ist nach 3 Minuten blauviolett, nur eine Spur heller als *B*, welches tiefdunkel ist. Nach 5 Minuten sind *A* und *B* gleich undurchsichtig und dunkel violettblau.

Da dieses Violett sich zugleich dauernd zeigt, denn nach einer Stunde ist nur schwache Durchsichtigkeit und ein schwacher bräunlicher Ton eingetreten, so scheint dieses Oel viel Terpentinöl zu enthalten oder das Aufkochen war nicht am Orte, oder der Citronellölzusatz war zu stark, weshalb eine zweite Reaction.

a) Harz mit 15 Tropf. Spirit. absol. aufgekocht, dann Zusatz von Oel und Benzol und Aufkochen: *A* und *B* gelb. Da im Verlaufe von 40 Minuten keine Farbenwandlung eintritt, so Zusatz eines Tropf. *Ol. Citronell.* und Aufkochen: *A* und *B* gelb, aber *B* wenig kräftiger, weshalb noch 1 Tropf. Citronellöl zugesetzt wird: Sofort nimmt *B* rothen Farbenton an, ohne jedoch weiterhin an Intensität zuzunehmen. Als nun noch 1 Tropf. dieses Oels zugesetzt wird, tritt in *B* kräftiges Carminroth ein, während *A* gelb wie im Anfange ist. Dieser Zustand dauerte 15 Minuten. Es wurde nun wieder ein Tropf. Citronellöl zugesetzt, worauf *B* im rothen Tone stärker wurde, *A* aber gelb blieb. Diese Differenz dauerte noch über 4 Stunden hinaus: *A* gelb, *B* dunkel-rothviolett, zuletzt braun. Hiernach müssen wir dieses Macisöl als terpentinölfreies annehmen.

Die vorstehenden beiden Reactionen sind den Reactionen sub III und III a ziemlich ähnlich. Daraus ersehen wir die Nothwendigkeit, bei Macisöl das stimulatorische Oel nicht auf einmal sondern in getheilten Mengen nach und nach zuzusetzen.

I. *Ol. Majoranae* (Meiranöl). Harz mit Oel aufgekocht: *A* und *B* gelb. Mit Chloroform versetzt *A* und *B* gelb, auch nach dem Aufkochen. Erkaltet mit 2 Tropf. *Ol. Calami normal.* versetzt: *A* gelb, aber *B* nimmt alsbald violetten Ton an. Nach drei Minuten *A* gelb, *B* violett. Nach einer Stunde beide dunkelviolett. Da dieses Verhalten auf Terpentinöl deutet, so ist eine Modification der Reaction erforderlich, das Aufkochen des Oels vielleicht zu meiden.

a) Harz mit 10 Tropf. Spirit. absol. aufgekocht, dann mit Oel, Amylalkohol und 3 Tropfen *Ol. Citronell.* versetzt. *A* und *B* zeigen kräftiges Gelb. Bis 30° C. erwärmt nimmt *B* violetten Schimmer an. Bei 50° *A* gelb, *B* violett. Der Wärme entzogen geht das Violett schnell in Braun über. Wieder erwärmt bis 60° *B* kräftig violett, *A* bräunlich gelb. Dieses Farbenverhältniss dauert über eine Stunde hindurch.

Das Oel ist, nach diesem Verhalten zu urtheilen, total frei von Terpentinöl.

II. *Ol. Majoranae* (alt). Harz mit 15 Tropf. Spirit. absol., Oel und Benzol aufgekocht: *A* und *B* gelb. Da im Verlaufe einer Viertelstunde keine Farbenwandlung eintritt, so Zusatz von 2 Tropf. *Ol. Citronell.* und da das Gelb von *A* und *B* verharrt, so wurde aufgekocht und beide zeigen ein sehr dunkles Violettblau, nach einer Stunde einen grünlich violetten Ton.

Dieser Erfolg deutet auf Terpentinölgehalt oder das Citronellöl ist durch ein milderes stimulatorisch wirkendes Oel (*Ol. Spicae*) zu ersetzen.

a) Wie vorstehend behandelt, mit 3 Tropf. *Ol. Spicae* versetzt und aufgekocht: *A* und *B* blauviolett, während des Kochens tritt die Farbe in *B* etwa 3 Secunden eher ein. Nun noch ein Versuch ohne Kochung.

b) Harz mit 15 Tropf. Spirit. absol. aufgekocht, dann erkaltet mit Oel, Benzol, 1 Tropf. *Ol. Citronell.* und 3 Tropf. *Ol. Spicae* versetzt und beiseite gestellt. Es tritt bald Farbenwandlung und zwar eine und dieselbe in A und B ein, nach einer halben Stunde sind beide kräftig violett etc.

Dieses Oel enthält sicher reichlich Terpentinöl und ist vielleicht ein viel starren Mairankampfer einschliessendes, daher mit Terpentinöl versetztes Oel, um den ausgeschiedenen Kampfertheil in Lösung und flüssig zu erhalten.

I. *Oleum Melissae Germanic.* (Melissenöl). Harz mit Oel erwärmt, sofort A und B violett.

a) Harz, Oel, Chloroform kalt in den Cylinder gegeben und agitirt. Im Verlaufe von $1^1/_2$ Minute A gelb, B hat violetten Stich angenommen und ist schon nach 2 Minuten dunkelviolett, während A bräunlich ist und violetten Schimmer zeigt. Nach 4 Minuten ist A hellviolett, nach 6 Minuten noch durchscheinend, während B schon in der 3. Minute undurchsichtig ist. Nach 10 Minuten mit einem gleichen Vol. absol. Weingeist gemischt ist A blassviolett, B dunkelviolett.

b) Harz, Oel, Benzol in den Cylinder gegeben und agitirt, geht A langsam in Violett über, B ist sofort dunkelviolett. In $1^1/_2$ Minute A und B gleich dunkelviolett. Eine Andeutung auf Terpentinöl.

c) Harz mit 15 Tropf. Spirit. absol. aufgekocht und erkaltet mit Oel, Benzol und 1 Tropf. *Ol. Spicae* gemischt. Im Verlaufe von 3 Minuten ist A noch gelb, B aber blauviolett. In der 4. Minute zeigt A schwachen violetten Schimmer, nimmt allmählich an Farbe zu und geht dann in blasses Rothviolett, in der 13. Minute in das Blauviolett, wie es B zeigt, über.

Da also die Differenz 13 Minuten dauerte, so könnte möglicher Weise das Oel frei von Terpentinöl sein, oder es dürfte doch nur sehr wenig davon enthalten.

II. *Ol. Melissae* (aus einer Apotheke). Harz mit 15 Tropf. Spirit. absol., Oel und Benzol aufgekocht: A und B mässig gelb. Da keine Farbenänderung eintritt, so Zusatz von 3 Tropf. *Ol. Citronell.* Auch hier tritt keine Veränderung ein, also Aufkochung: A blassgelb, B kräftig carminroth, welche Differenz der Färbung auch eine Stunde weiter besteht und dann nach nochmaligem Aufkochen wird *B* nur dunkler und violett. Das Oel ist also frei von Terpentinöl.

Melissenöl ist somit ein adiaphorisches Oel und kein ozonoprothymes, für welches letztere man das Oel sub I. annehmen könnte. Letzteres schliesst sicher Terpentinöl ein.

Oleum Menthae crispae (Krauseminzöl). Wie 5 aus verschiedenen Quellen bezogene Sorten ergaben, so hat dieses Oel die Eigenschaft, mit Citronellöl, auch oft ohne dieses, mit Guajakharz dieselbe Reaction zu geben, wie das mit Terpentinöl vermischte Oel, wie auch die folgenden Beispiele ergeben. Es zeigt diese Eigenschaft gewöhnlich nicht, wenn in Stelle von Chloroform, Benzol etc. Petrolbenzin zum Verdünnen Anwendung findet. Ferner müssen Controlproben mit und ohne Kochung vorgenommen werden, auch ist oft ein mildes stimulatorisches Oel zu benutzen.

I. *Oleum Menthae crispae* (alt). Harz mit Oel aufgekocht. Nach Zusatz von Amylalkohol und Aufkochen *A* und *B* amethystfarben. Nach Zusatz von 10 Tropf. Spirit. absol. dieselbe Farbe, gelbe Farbe vorherrschend. Auch nach Aufkochen und Stehenlassen blieb gelbe Färbung vorherrschend.

a) Harz mit 10 Tropf. Spirit. absol. aufgekocht, dann Amylalkohol und 2 Tropf. *Ol. Citronell.* zugesetzt und aufgekocht: *A* und *B* gelb. Der noch heissen Flüssigkeit wieder 2 Tropf. *Ol. Citronell.* zugesetzt: *A* gelb, *B* sofort kräftig violett. Nach einer Minute wird *A* hellviolett, *B* dunkelviolett. Damit ist auf Terpentinölgehalt gedeutet.

b) Ebenso verfahren; aber Chloroform angewendet und nur mit 2 Tropfen *Ol. Citronellae* versetzt und aufgekocht. Im Verlaufe von 2 Minuten ist *A* gelb, *B* blassviolett, allmählich violetter werdend. Nach 3 Minuten *A* gelb, *B* violett. So auch nach 10 Minuten. Nach einer Stunde *A* gelb, *B* braunviolett. Diese Farbendifferenz bezeugt die völlige Abwesenheit des Terpentinöls.

c) Harz mit 10 Tropfen Spirit. absol. aufgekocht und erkaltet mit Oel, Chloroform und 3 Tropfen *Ol. Citronell.*

versetzt. Beiseite gestellt sind in Zeit von 3 Minuten *A* und *B* dunkelviolett, *A* eine Spur heller. Es scheint in dieser Probe zuviel *Ol. Citronellae* verwendet zu sein, weshalb wir die Probe b) wiederholen wollen, jedoch ohne Kochung des Oels:

d) Harz mit 10 Tropfen Spirit. absol. aufgekocht und erkaltet mit Oel, Chloroform und 1 Tropfen *Ol. Citronell.* versetzt. Beiseite gestellt ist in 6 Minuten ein Farbenwechsel in Sicht. Das Violett in *B* ist in der 8. Minute bläulich, in *A* röthlich. In der 10. Minute zeigt *B* ein kräftiges Blau, während *A* nur schwach röthlich-violett erscheint. In der 15. Minute *A* mässig rothviolett und durchsichtig, *B* dunkel-blauviolett und undurchsichtig.

Wenn man die vorstehenden 5 Proben gegenseitig vergleicht und man rechnet dem Krauseminzöl die Dispositionsfähigkeit der Ozonbildung zu, so muss dieses Oel als terpentinölfrei angenommen werden. Die letzten 3 Proben beweisen dies und die beiden letzten Proben mit den 3 vorhergehenden verglichen, zeigen, dass hier ein Aufkochen der Mischung aus Harz, Oel und Lösungsmittel nothwendig scheint. Gegenüber dem Verhalten der Krauseminzöle sub IV, VI und VII dürfte übrigens die Annahme eines geringen Gehaltes an Terpentinöl (3—5 Proc.) keine unberechtigte sein.

II. *Oleum Menthae crisp. German.* Oel, Harz, Benzol und 10 Tropfen Spirit. absol. in den Cylinder gegeben und erwärmt. Bei 70⁰ zeigt sich *A* gelblich, *B* bläulich. Beiseite gestellt bilden sich zwei Schichten, eine obere stärkere violette, eine kleinere untere gelbe. Nach Agitation *A* und *B* hellgrün, nach dem Aufkochen keine Verschiedenheit zwischen *A* und *B*.

a) Harz mit 10 Tropf. Spirit. absol. aufgekocht, dann Oel und Chloroform hinzugesetzt und aufgekocht: *A* gelb, *B* nimmt violetten Schein an. Erkaltet 3 Tropfen *Ol. Citronell.* zugesetzt und gelind aufgekocht *A* gelb, *B* kräftig violett. *A* nimmt violetten Schimmer an, bleibt aber die ersten 5 Minuten hell violett mit gelbem Grunde und wird dann gelbroth. Die hier eintretende Farbendifferenz lässt die Abwesenheit des Terpentinöls annehmen.

b) Harz mit 10 Tropf. Spirit. absol. aufgekocht, dann Oel und Benzol zugesetzt, aufgekocht und beiseite gestellt: *A* und *B* trübe gelb, nach 12 Stunden beide klar und gelb. Nun mit 2 Tropf. *Ol. Citronellae* versetzt und erwärmt. Bei 50⁰ tritt in *B* violetter Schimmer ein und bei 60⁰ ist *B* violett, während *A* gelbe Farbe mit schwachem violetten Schimmer zeigt. Diese Differenz verbleibt noch 5 Minuten ausserhalb des Wasserbades. Nun 6 Tropfen *Ol. Macidis* zugesetzt wird der violette Stich in *A* beseitigt, während in *B* damit keine sehr merkliche Veränderung eintritt, das Violett wird nur um ein Minimum heller. Nach einer Stunde ist *A* im durchfallenden Lichte gelb mit schwachem violettem Schimmer, *B* violett. Sonach enthält dieses Krauseminzöl kein Terpentinöl. Diese Annahme ergiebt sich auch noch sichtlicher, wenn man Erwärmen und Kochung meidet.

c) Harz mit 20 Tropf. Spirit. absol. aufgekocht, dann erkaltet mit Oel, Benzol und 6 Tropfen *Ol. Citronell.* versetzt. Schon in der ersten Minute meldet sich in *B* Farbenwandel an, dunkler werdend, und in der 5. Minute zeigt *B* kräftiges Violett. *A* ist noch gelb und nimmt in der 10. Minute violetten Schimmer an, im durchfallenden Lichte gelb erscheinend, während *B* schon stark blauviolett ist. In der 15. Minute ist *A* hell röthlich-violett, *B* tief dunkel blauviolett. In der 20. Minute ist *A* rothviolett mit bläulichem Schimmer, *B* aber dunkelviolettblau.

Hiernach kann man dieses Oel als frei von Terpentinöl beurtheilen.

III. *Ol. Menthae crispae* (aus einer Apotheke entnommen). Harz mit Oel aufgekocht, mit Benzol versetzt und aufgekocht. *A* und *B* gelb, wenig trübe. Nun nach dem Erkalten mit 2 Tropf. *Ol. Citronellae* versetzt. Da in 5 Minuten keine Veränderung bemerkbar ist, wird aufgekocht und *A* und *B* gehen sofort, *B* etwas schneller, in Dunkelviolettblau über.

Diese Uebereinstimmung der Farbenveränderung deutet auf Terpentinöl, daher noch folgende Probe:

a) Harz mit 10 Tropfen Spirit. absolut. aufgekocht. Nach dem Erkalten mit Oel, Chloroform und 2 Tropfen *Ol. Citronellae* versetzt und erwärmt. Bei 50—60° stellt sich Neigung zur Farbenwandlung ein und das Gelb von *A* und *B* nimmt violetten Schimmer an, welcher, nach Wegnahme der Cylinder aus dem Wasserbade, an Intensität zunimmt, so dass nach 2—3 Minuten *A* und *B* ein gleiches kräftiges Violett zeigen.

Erwärmen muss vielleicht vermieden werden, weshalb noch folgende Probe:

b) Harz, Oel, Chloroform, 10 Tropfen Spirit. absol. und 5 Tropfen *Ol. Citronellae* werden in den Cylinder gegeben und beiseite gestellt. *A* und *B* anfangs gelblich. Nach der 1. Minute zeigt *A* violetten, *B* schwachen röthlichen Schimmer. In der 3. Minute *A* blauviolett, *B* rothgelb mit violettem Schimmer, in der 4. Minute *A* kräftig blauviolett, *B* bläulichviolett, und in der 5. Minute blauviolett, nur etwas heller als *A*, und in der 7. Minute *A* und *B* gleich dunkelblauviolett.

Auch diese Reaction deutet mit aller Sicherheit auf einen Terpentinölgehalt von mindestens 10 Proc.

IV. *Ol. Menth. crisp.* Harz, mit 10 Tropfen Spirit. absol. aufgekocht, erkaltet mit Oel, Petrolbenzin und 10 Tropf. *Ol. Citronell.* versetzt und aufgekocht. Nach einer Stunde ist *A* noch gelb, *B* aber moosgrün. Nun noch einmal aufgekocht ist *A* gelb, *B* violettblau.

Diese schroffe Farbendifferenz sichert die Annahme, dass das Oel von Terpentinöl völlig frei ist, dass Petrolbenzin sich überhaupt bei der Prüfung der Minzöle als das geeignetste Verdünnungsmittel erweist.

a) Harz mit 10 Tropfen Spirit. absol. aufgekocht, erkaltet mit 1 ccm Oel, 1 ccm Chloroform, 0,5 ccm Petrolbenzin und 5 Tropf. *Ol. Citronell.* versetzt und beiseite gestellt. In Zeit einer halben Stunde ist *A* gelb, *B* kräftig

blauviolett. 15 Minuten später ist *A* hellblau, *B* dunkelblauviolett. Hiernach wäre Chloroform zu vermeiden und
nur Petrolbenzin in Anwendung zu bringen, wie im folgenden
Versuche:

b) Harz mit 15 Tropf. Spirit. absol. aufgekocht, erkaltet
mit 1 ccm Oel, 1 ccm Petrolbenzin und 5 Tropfen *Ol.
Citronell.* versetzt und beiseite gestellt. Da nach einer Stunde
A und *B* noch gelblich sind, so nochmals Zusatz von 5 Tropf.
Ol. Citronell. Nach einer halben Stunde sind *A* und *B* un-
verändert, nun aufgekocht *A* gelb, *B* blass violett. Nochmals
aufgekocht *A* gelb, *B* kräftiger violettblau. Nach einer
Stunde ist *A* gelb, *B* violett, nur etwas blasser geworden.

Diese Farbendifferenz ist genügendes Zeichen der Abwesenheit des Terpentinöls. Bei Prüfung des Krauseminzöls schreite man also stets zur Anwendung des Petrolbenzins!

V. *Ol. Menth. crisp.* (aus einer Apotheke entnommen).
Harz mit 10 Tropfen Spirit. absol. aufgekocht. Nach dem
Erkalten mit Oel, Petrolbenzin und 8 Tropf. *Ol. Citronell.*
versetzt und aufgekocht. *A* gelb, *B* blassviolett. Nach einigen Secunden setzt *A* violetten Schimmer an und im Verlaufe einer Minute ist *A* blassviolett, *B* dunkelviolett. Hier
liegt jedenfalls eine geringe Fälschung mit Terpentinöl vor
(etwa zu 5 Proc.)

VI. *Ol. Menth. crisp.* (neue Waare). Harz mit 15 Tropf.
Spirit. absol., Oel und Benzol aufgekocht: *A* und *B* hell-
gelb. Da keine Farbenwandlung eintritt, so Zusatz von
5 Tropfen *Ol. Citronell.* Nach 5 Minuten zeigt *B* blutrothe,
A gelbe Farbe. Etwa 5 Minuten später: *B* sehr dunkelviolett,
A gelb. Nach weiteren 15 Minuten ist *A* gelb mit bräun-
lichem Schimmer, *B* dunkelviolett. Diese Farbendifferenz
dauert auch noch weiterhin. Wenn sich später in *A* violetter
Schimmer einstellt, so liegt das in der Natur des Oeles; gelbe
Färbung waltet vor.

Diese Reaction genügt, um hier in diesem Krauseminzöle

die Abwesenheit des Terpentinöls mit aller Sicherheit anzunehmen.

VII. *Ol. Menth. crisp. (naturale).* Harz mit 15 Tropf. Spirit. absol., Oel und Benzol aufgekocht: *A* und *B* gelb, auch weiterhin dauernd. Dann mit 5 Tropfen *Ol. Citronell.* versetzt. Nach 10 Minuten meldet sich in *B* Farbenwandlung an und in der 20. Minute ist *A* blassgelb, *B* bräunlichgelb, weshalb noch 5 Tropfen *Ol. Citronellae* zugesetzt werden. Jetzt tritt *B* sofort in Violettblau ein, während *A* gelb ist und sehr schwachen violetten Schimmer zeigt. In der 5. Minute ist *B* dunkelblauviolett, *A* blass röthlich violett, im durchfallenden Lichte mit gelbem Tone. Eine Stunde später ist *A* hellrothviolett, *B* aber dunkelblauviolett.

Dieses Verhalten deutet zur Genüge auf Abwesenheit des Terpentinöls; — doch noch eine Controlprobe:

a) Harz mit 15 Tropfen Spirit. absol., Oel, Benzol und nur 1 Tropfen *Ol. Citronellae* schäumend aufgekocht: *A* und *B* gelb, *B* zeigt aber schon in der 1. Minute rothen Farbenton und ist in 5 Minuten violettbräunlich. Um nun eine intensivere Farbe zu erlangen, werden noch 2 Tropfen *Ol. Citronell.* zugesetzt. Nach 5 Minuten ist *B* hellviolett, *A* gelb, welche Farbendifferenz noch 15 Minuten dauert. Erst nach dem Aufkochen zeigt *A* schwaches Rothviolett, *B* dunkles Blauviolett.

Diese Reaction deutet auf völlige Abwesenheit des Terpentinöls, die Färbung nach dem Kochungsact giebt allerdings eine schwache Andeutung auf Anwesenheit dieses Oeles. Nun wollen wir noch 15 Tropfen des Krauseminzöls dazugeben und ein weiteres Verhalten beobachten:

Nach 12 Stunden sind *A* und *B* gelb und klar, agitirt *A* gelb, *B* gelb mit schwachem violetten Scheine, aufgekocht: *A* hellröthlichviolett, *B* dunkelblauviolett.

Diese Farben-Differenzen dürften wohl genügend die Abwesenheit des Terpentinöls bekunden.

b) Harz mit 20 Tropf. Spirit. absol., Oel, Benzol und 3 Tropf. *Ol. Spicae* (von stimulatorischer Beschaffenheit) aufgekocht: *A* und *B* gelb, auch nach einer Viertelstunde. Nun Zusatz von 2 Tropfen *Ol. Citronellae*. Da dadurch keine Veränderung eintritt, nochmaliger Zusatz von 8 Tropf. dieses Oels. In der 2. Minute tritt nun in *B* Wandelung der gelben Farbe ein, unter Annahme bräunlichen Tones, welcher in der 5. Minute kräftiges Carminroth zeigt und in der 10. Minute dunkelrothviolett erscheint, während *A* gelb ist. Nach 40 Minuten ist *A* braunröthlich gelb, *B* aber dunkelrothviolett. Diese Differenz zieht sich noch eine ganze Stunde hin.

Somit ist das Oel für frei von Terpentinöl zu erklären. Diese Reaction lässt so recht den Einfluss der Wärme und den Einfluss der gewöhnlichen Temperatur während der Reaction mit dem Krauseminzöle erkennen, der Unterschied ist ein auffallender.

I. *Oleum Menthae pip. Mitcham.* (Pfefferminzöl). Harz mit Oel aufgekocht, *A* gelbbraun, *B* dunkelbläulichbraun. Nach Chloroformzusatz *A* braun mit bläulichem Schimmer, *B* braungelb. Aufgekocht *A* kräftig blauviolett, *B* braun, bald einen violetten Ton annehmend. Nach Zusatz von 10 Tropfen Spirit. absol. erscheinen *A* und *B* violett, *B* nur etwas schwächer in der Färbung. Nach einigen Stunden ist *A* dunkelviolett, *B* bräunlichviolett, und nach dem Aufkochen *A* dunkelviolett, *B* hellviolett.

Dieses sonderbare, den Erwartungen völlig widersprechende Verhalten nöthigt zu mehreren Controlproben.

a) Harz mit 15 Tropfen Spirit. absol. aufgekocht. Nach dem Erkalten Zusatz von Oel und Chloroform: *A* und *B* gelb, wenig trübe. Bei 65—70° zeigt *A* rein violette Färbung, *B* eine bräunlich violette. Nach 15stündigem Beiseitestehen *A* und *B* violett, aufgekocht dunkelviolett.

Die Farbendifferenzen in beiden Reactionen verhalten sich fast umgekehrt wie bei anderen ätherischen Oelen. Man erwartet das Blauviolett in *B* und hier kommt es in *A* zum Vorschein. Enthält dieses Pfefferminzöl etwa ein Coniferenöl besonderer Art oder ist die vorliegende Sorte Oel keine

Mitchamsorte? Nun weitere Controlproben ohne Kochung des Oeles:

b) Harz mit 15 Tropfen Spirit. absol. aufgekocht, und erkaltet mit Oel, Benzol und 5 Tropf. *Ol. Citronell.* gemischt und beiseite gestellt: *A* und *B* ziemlich klar und gelb. In der 5. Minute zeigt *B* Wandelung der Farbe, sich bräunlichem Tone nähernd. In der 10. Minute ist *B* braun mit schwachem violetten Schimmer. Nach 20 Min. ist *B* dunkelrothviolett, *A* aber noch gelb wie im Anfange. Wäre in *A* Terpentinöl gegenwärtig, so müsste sich nach 10 Minuten schon eine Farbenwandlung anmelden. In der 30. Minute zeigt *B* dunkles Blauviolett, *A* aber eine goldgelbe Farbe. Selbst nach einer Stunde ist ein gleiches Resultat zu verzeichnen. Die Kochung des Oels, welche in dieser Probe vermieden wurde, störte somit die Reaction sub I.

Dieses Oel ist also frei von Terpentinöl, was auch wohl folgende Reaction bestätigt:

c) Harz mit 10 Tropf. Spirit. absol. aufgekocht und erkaltet mit Oel und Petrolbenzin gemischt und aufgekocht: *A* und *B* erkaltet gelblich-weiss trübe. Nun mit 10 Tropf. *Ol. Citronell.* versetzt. Nach Verlauf von 5 Minuten *A* gelblich weiss trübe, *B* violett trübe. Nach einer Stunde *A* weisslich, *B* dunkelviolett.

Bei Anwendung des Petrolbenzins als Verdünnungsmittel scheint die Kochung keinen besonderen Einfluss auszuüben. Vorliegende Reaction bestätigt ferner die Angabe (Ol. M. crisp. IV S. 104), dass bei der Prüfung der Minzöle sich Petrolbenzin als Verdünnungsmittel besonders eignet.

II. *Ol. Menth. pip. Mitcham.* (neu.) Harz mit Oel aufgekocht: *A* dunkelbraun, *B* violett. Nach Zusatz von Chloroform und 3 Tropfen *Ol. Calami normale A* gelb, *B* violett, nach wenigen Augenblicken in dunkles Blauviolett übergehend, welche Differenz andauert.

a) Harz mit 10 Tropf. Spirit. absol. aufgekocht, nach dem Erkalten Oel und Benzol zugesetzt, *A* und *B* kräftig gelb und ziemlich klar.

Bei 70—75⁰ stellt sich violetter Ton ein, erkaltend ist *A* röthlich braun, *B* rothbraun mit violettem Stich. Wiederum 1 Minute hindurch bei 70⁰ erwärmt werden *A* und *B* kräftiger in der Farbe, aber *B* ist weit dunkler. Wiederum 1 Minute bei 70⁰ erwärmt, zeigt *A* violetten Schimmer, *B* aber dunkles Blauviolett. Aufgekocht werden die Farben dunkler, nur *A* zeigt im durchfallenden Lichte braune Färbung, *B* aber dunkles Blauviolett.

Aus diesen Farbendifferenzen muss auf Abwesenheit des Terpentinöls geschlossen werden, doch noch eine Probe, um Sicherheit im Urtheile zu erlangen.

b) Harz mit 15 Tropf. Spirit. absol. aufgekocht, erkaltet mit Oel, Benzol und 5 Tropf. *Ol. Citronell.* versetzt und beiseite gestellt. Innerhalb einer halben Stunde zeigte das anfangs gelbe *A* schwach bräunlich violetten, *B* dunkel rothvioletten Farbenton. Nach der zweiten halben Stunde war *A* hell bräunlich violett, *B* aber dunkel blauviolett.

Diese Differenzen genügen, die Abwesenheit des Terpentinöls anzunehmen.

III. *Ol. Menth. pip. Mitch.* (aus einer Apotheke entnommen). Harz mit Oel aufgekocht: *A* und *B* braungelb. Nach Zusatz von Chloroform und 3 Tropf. *Ol. Calami normale* stellt sich in 3 Minuten Farbenreaction ein: *A* gelb, *B* violett, eine Stunde später *A* roth, durchscheinend, *B* blauviolett und undurchsichtig.

Dieses Oel war also sicher frei von Terpentinöl.

IV. *Ol. Menth. pip. Mitch.* (aus einer anderen Apotheke entnommen). Harz mit Oel aufgekocht: *A* wenig trübe, gelb, *B* milchig trübe gelblich. Nach dem Erkalten mit Chloroform gemischt und in Wasser von 70—75⁰ getaucht, bleiben *A* und *B* gelb, weshalb nun aufgekocht und beiseite gestellt wurde. Nach einer Stunde *A* und *B* gelb. Nun 3 Tropf. *Ol. Calami normale* zugesetzt und in ein Wasserbad von 70 bis 75⁰ eingestellt: *A* gelb, *B* dunkelviolett, welche Differenz Bestand hat. Also auch ein von Terpentinöl freies Pfefferminzöl.

V. *Ol. Menth. pip. Germanic.* (von Dr. *C. Beck* in Nürtingen bezogen). Harz mit Oel aufgekocht: *A* und *B* gelb. Nun Chloroform und 1 Tropf. *Ol. Calami normale* zugesetzt und erwärmt zeigt bei 60° *A* gelbe Farbe, *B* reines Blauviolett.

a) Harz mit 10 Tropf. Spirit. absol. aufgekocht, dann mit Oel und Benzol versetzt und aufgekocht: *A* und *B* gelb. Erkaltet mit 5 Tropf. *Ol. Citronell.* versetzt und beiseite gestellt. Im Verlaufe von 10 Minuten zeigt *B* Farbenwandlung an. In der 15. Minute zeigt es eine gelbbraune Farbe, während *A* gelb ist. In der 30. Minute ist *A* gelb und *B* braunviolett. Nach einer Stunde ist *A* immer noch gelb und *B* dunkel blauviolett.

Diese reichliche Zeit andauernder Farbendifferenzen in den beiden Reactionen lassen die Abwesenheit des Terpentinöls mit aller Sicherheit erkennen.

VI. *Ol. Menth. pip.* Harz mit 10 Tropf. Spirit. absol. aufgekocht. Erkaltet mit Oel, Benzol und 3 Tropf. *Ol. Citronell.* versetzt *A* und *B* ziemlich klar und gelb. Erwärmt tritt bei 50° bei *B* violetter Schimmer ein und bei 60° dem Bade entnommen ist *A* gelb, *B* rothbraun mit violettem Tone, welche letztere Färbung an Intensität zunimmt und schon nach 3 Minuten mit Dunkel bezeichnet werden muss, während *A* kräftiges Gelb zeigt. Nach einer Stunde schwindet bei *B* der dunkle Ton und die Farbe erscheint etwas heller. Nach 2 Stunden keine Veränderung.

Diese Farbendifferenz lässt die Abwesenheit von Terpentinöl sicher erkennen.

VII. *Ol. Menth. pip.* Harz mit 10 Tropf. Spirit. absol. aufgekocht, dann erkaltet mit Oel und Amylalkohol gemischt und auf 70° erwärmt: *A* und *B* rein kräftig gelb. Erkaltet mit 3 Tropf. *Ol. Citronell.* versetzt. Bei 70° *A* und *B* gelb, *B.* nur etwas dunkler, bei 75° *A* gelb, *B* kräftig zimmtbraun. Wieder eine Minute einer Wärme von 70—75° ausgesetzt *A* gelb, *B* dunkelbraun mit violettem Tone. Nach einer Stunde keine Veränderung: *A* gelb, *B* dunkel zimmt-braun.

Auch dieses Oel, meinen Oelproben entnommen, wahr-scheinlich eine Mitschamwaare, ist also frei von Terpentinöl.

I. *Oleum Milleflorum* (Blüthenöl, von *Heine & Co.*, Leip-zig). Harz mit 10 Tropf. Spirit. absol. aufgekocht, erkaltet mit Oel versetzt und dann aufgekocht. Während der Kochung zeigt *A* gelbe, *B* dunkel blauviolette Farbe. Sonach ist dieses Oel von Terpentinöl frei und von stimulatorischer Be-schaffenheit. Es wird bekanntlich durch Mischung hergestellt.

II. *Ol. Milleflor.* (aus guter Hand). Harz, 15 Tropf. Spirit. absol., Oel und Benzol aufgekocht: *A* und *B* hell-gelb, Da keine Wandelung eintritt, so Zusatz von 10 Tropf. *Ol. Citronell.* Sofort nimmt *B* rothvioletten Ton an und in einer Minute zeigt sich dunkles Rothviolett, welches in der 3. Minute sich in Dunkelblauviolett umwandelt. *A* ist hell-gelb wie zu Anfang, zeigt aber in der 5. Minute ein Dunkel-werden und ist in der 10. Minute mässig violett, dann immer noch intensiver werdend, so dass man *A* in der 15. Minute als Dunkelviolett bezeichnen kann.

Dieses Verhalten deutet auf einen geringen, etwa 3 Proc. betragenden Lärchenbaumöl- oder Terpentinölgehalt.

Oleum Millefolii (Schaafgarbenöl). Harz mit 16 Tropf. Spirit. absol. aufgekocht, dann 1 ccm Oel, 2 ccm Ben-zol und 3 ccm Chloroform dazugegeben und gemischt: *A* hellblau, *B* dunkelblau. Auf 50° erwärmt wird *A* heller blau, *B* aber tief dunkelblau, beim Erkalten wird *A* aber wieder dunkler. Wieder erhitzt bis zur Kochung ein ähnlicher Vor-gang bei *A*, aber *B* wurde blasser, so dass *A* und *B* gleich blaufarbig sind. Nach Zusatz von 5 Tropfen *Ol. Citronell.* schwindet bei *B* allmählich das reine Blau, sich in blaues Violett umwandelnd. Nun noch 5 Tropf. *Ol. Citronell.* dazu-gesetzt und beiseite gestellt. Nach 12 Stunden zeigen *A* und *B* völliges Klarsein und *A* reines Blauviolett mit schwachem blaugrünlichem Tone, *B* aber scharfes Grasgrün mit vorwal-tendem Gelb. (Schaafgarbenöl ist von blauer Farbe.)

Diese Farbendifferenz zeigt die Abwesenheit des Terpentinöls mit aller Sicherheit an.

Oleum Myrrhae (Myrrhenöl). Harz mit 15 Tropf. Spir. absol., Oel und **Benzol** aufgekocht: *A* und *B* hellgelb. Da keine Wandelung eintritt, so 5 Tropf. *Ol. Citronell.* dazugegeben und aufgekocht: *A* hellgelb, *B* blauviolett. Da diese Farbendifferenz noch einige Minuten andauert, dann das Gelb in *A* nur etwas dunkler wird, ins Bräunliche übergeht und so noch nach einer Stunde bräunliches Gelb zeigt, so ist auch eine Verfälschung mit Terpentinöl ausgeschlossen. Nach 12 Stunden zeigt *A* gelbe, grasgrün schimmernde, *B* aber mehr blauviolette, blaugrün schimmernde Farbe.

Terpentinöl ist also nicht in diesem Myrrhenöle vertreten.

I. *Oleum Origani Cretici* (Spanisch-Hopfenöl). Harz mit 15 Tropf. Spirit. absol., Oel und **Benzol** aufgekocht: *A* und *B* gelb. Da keine Veränderung im Laufe einer halben Stunde eintritt, wird nochmals aufgekocht. Noch heiss mit 5 Tropf. *Ol. Citronell.* versetzt nimmt *B* sofort dunklen Ton an und im Verlaufe einer Minute ist *B* kräftig braunviolett.

Nach nochmaligem Aufkochen ist *A* gelb, *B* tief dunkelviolett, welche Farbendifferenz über 1 Stunde Bestand hat.

Damit ist angezeigt, dass dieses Oel frei von Terpentinöl ist.

II. *Ol. Origani Cret.* (alt). Harz mit Oel aufgekocht: *A* gelb, erkaltend milchig, *B* blauviolett. Mit **Chloroform** gemischt: *A* gelb und trübe, *B* kräftig blauviolett. Nach dem Aufkochen keine Veränderung: *A* gelb, *B* blauviolett.

Auch dieses Oel erweist sich von Terpentinöl frei und zugleich als ein stimulatorisches.

Oleum Palmaerosae. Harz mit Oel erhitzt, dann schwach aufgekocht: *A* gelb, *B* dunkelviolett. Nach Zusatz von **Benzol** und aufgekocht: gleiche Farbendifferenz, es ist also das Oel frei von Terpentinöl und ein stimulatorisches. (Dieses Oel soll von *Andropogon Schoenanthus* entnommen sein).

Dieses *Oil of Ginger Gras* oder Rusaöl isl auch S. 78 als *Oleum Geranii* (Ostind.) aufgeführt, doch desshalb als

Ol. Palmarosae wieder aufgenommen, weil der Geruch des vorliegenden Oeles ein verschiedener war.

I. *Oleum Patchuli* (Patschuliöl). Harz mit 10 Tropf. Spirit. absol. aufgekocht und erkaltet mit Oel und Chloroform versetzt, sofort dunkelviolett, auch nach Zusatz von 10 Tropf. *Ol. Macidis.* Weitere 10 Tropf. *Ol. Macidis* zugesetzt und aufgekocht: keine Veränderung, das Dunkelviolett zeigte *A* und *B.*

Wurde die weingeistige Harzlösung mit Oel versetzt und erwärmt, so erfolgte ebenfalls sofort dunkle violette Färbung.

Dieses Patschuliöl war somit reich an Terpentinölgehalt, etwa zu 20 Proc., es enthielt möglicher Weise auch wohl neben Terpentinöl ein fremdes, zugleich stimulatorisch wirkendes Oel.

II. *Ol. Patchuli* (neu). Harz mit 15 Tropf. Spirit. absol. aufgekocht und erkaltet mit Oel versetzt: *A* und *B* gelb. Nach Zusatz von Benzol: *A* und *B* gelb. Bis 80⁰ erhitzt, erfolgte keine Veränderung, auch nicht nach dem Aufkochen. Erkaltet wurden 2 Tropf. *Ol. Citronell.* zugesetzt und da keine Veränderung der Farbe eintrat, selbst nicht nach dem Erwärmen auf 80⁰ C. und *A* und *B* gelbe Färbung zeigten, so wurden noch 8 Tropf. *Ol. Citronell.* hinzugesetzt und aufgekocht. Jetzt zeigte *A* gelbe, *B* kräftig braunviolette Färbung, welche andauerte.

Dieses Oel ist sonach ein adiaphorisches und frei von Terpentinöl.

III. *Ol. Patchuli* (neue Waare). Harz mit 15 Tropf. Spirit. absol., Oel und Benzol aufgekocht: *A* blassgelb, *B* dunkelviolett, welche Farbendifferenz weiterhin andauert, nur wird das Violett in *B* heller an Farbe.

Das Oel ist also ein stimulatorisches und frei von Terpentinöl.

IV. *Ol. Patchuli rectf.* Harz mit 15 Tropf. Spirit. absol., Oel und Benzol aufgekocht: *A* und *B* zeigen violette Färbung, *B* etwas kräftiger als *A.* Beiseite gestellt bilden nach 12 Stunden beide sehr klare, rein kräftig gelbe Flüssigkeiten, welche agitirt und bis zum Aufschäumen aufgekocht gleich violett gefärbt sind, *B* um eine Spur stärker als *A*. Mit 2 ccm Benzol verdünnt und mit 2 Tropf. *Ol. Citronell.* versetzt und aufgekocht resultiren gleich dunkelviolette Flüssigkeiten.

Dieses rectificirte Oel ist also ein mit Terpentinöl reichlich versetztes.

I. *Oleum Petitgrain, Essence de Petit-Grain, Ol. Aurantii foliorum* (aus guter Hand). Harz mit 15 Tropf. Spirit. absol. und Oel aufgekocht: *A* und *B* gelb. Nach Zusatz von Benzol wieder aufgekocht: *A* und *B* gelb, wenig trübe. Erkaltet mit 5 Tropf. *Ol. Citronell.* versetzt. *B* nimmt sofort dunkel-blauviolette Farbe an, *A* ist gelb, aber nimmt schon nach einer Minute violetten Ton an und ist in der 3. Minute sogar dunkelviolett, in der 5. Minute dunkel blauviolett, *B* ist nur etwas dunkler.

Hier liegt, ähnlich wie bei *Ol. Aurant. dulcium,* eine Verfälschung mit Terpentinöl oder vielmehr mit Lärchenbaumöl vor. Dieses *Ol. Petitgrain* wird aus Blättern, unreifen Früchten, abgefallenen Blüthen des Orangenbaumes durch Destillation gesammelt und da glaubt man, dass der etwaige Geruch des vor der Destillation zugesetzten rectificirten *Ol. Laricis* sehr wohl verdeckt werden dürfte.

II. *Ol. Petitgrain* (alt). Harz mit 15 Tropf. Spirit. absol., Oel und Benzol aufgekocht: *A* und *B* hellgelb. Nach Zusatz von 3 Tropf. *Ol. Citronell.* und Beiseitestehen, stellt sich erst in der 8. Minute Farbenwandel ein und nach einer Viertelstunde *A* gelb, *B* röthlich violett. Etwa 20 Minuten später *A* gelb und *B* blauviolett, welche Farbendifferenz noch andauert.

Dieses Oel ist somit frei von *Ol. Laricis* oder *Ol. Terebinth.* und nicht ozonoprothym.

III. *Ol. Petitgrain* (alt). Harz mit 20 Tropf. Spirit. absol. aufgekocht, dann mit Oel und Benzol versetzt und aufgekocht: *A* und *B* gelb. Erkaltet nach und nach mit 8 Tropf. *Ol. Citronell.* versetzt, es tritt aber keine Farbenwand-

lung ein, so dass nach einer Viertelstunde noch 4 Tropf. Citronellöl hinzugesetzt werden. Jetzt nimmt *B* sofort dunkleren
Ton an und zeigt nach 5 Minuten rothviolette Farbe, während *A* noch gelb erscheint. Nach 10 Minuten ist *B* dunkelviolett, *A* gelb mit violettem Schimmer, im durchfallenden
Lichte rein gelb. In der 15. Minute zeigt *A* im durchfallenden Lichte gelben Ton, im auffallenden Lichte röthliches
Violett, *B* aber im durchfallenden Lichte kräftiges Violettblau, welche Differenz noch 20 Minuten anhält und auch noch
nach 30 Minuten im durchfallenden Lichte erkannt wird.

Bei dieser 20—30 Minuten dauernden Differenz der Farben muss man das Oel als ein nicht gefälschtes annehmen.

a) Harz mit 20 Tropf. Spirit. absol., Oel, Benzol und
2 Tropf. *Ol. Citronell.* aufgekocht: *A* und *B* gelb. Nach
$^3/_4$ Minut. nimmt *B* dunkleren Ton an, dessen Intensität kaum
zunimmt, weshalb noch 4 Tropf. *Ol. Citronell.* zugesetzt werden. Jetzt wird *B* violett, *A* aber ist noch gelb mit violettem Schimmer und einige Minuten später sind sich *A* und
B an violetter Farbe ziemlich ähnlich.

Diese letztere Reaction ergiebt, dass ein Aufkochen des
Oels nicht passend ist und die erste Reaction den Vorzug
verdient. Mit dem Oele sub II. verglichen, könnte man etwas
Ol. Laricis annehmen, doch würde dieses Oel über 3 Proc.
nicht hinausgehen. Die Farbendifferenz sub III. war eine
stark andauernde, nach welcher man im Vergleich zu vielen
anderen Aurantiaceenölen auf die Annahme der Abwesenheit
des *Ol. Laricis* angewiesen ist. Man vergl. S. 30, 31 etc.

I. *Oleum Petrae Italic.* (Steinöl). Harz mit Oel aufgekocht: *A* und *B* weisslich trübe. Nach Zusatz von Benzol
und 4 Tropf. *Ol. Citronell.* geht *B* schnell in hellblau über,
während *A* wenig trübe und farblos ist. Aufgekocht keine
Veränderung, *A* farblos, *B* hellblau, erkaltend intensiver blau
werdend. Nach Verlauf von 10 Minuten nimmt auch *A* blauen
Farbenton an und ist bald hellblau.

Hier mag ein geringer Terpentinölgehalt vorliegen. Hat
man etwa das Gefäss vor dem Einfüllen des *Ol. Petrae* mit

Terpentinöl ausgespült? Zur Sicherung des Urtheils nun noch einige Proben.

a) Harz mit 20 Tropf. Spirit. absol., Oel, Benzol und 5 Tropf. *Ol. Citronell.* schäumend aufgekocht, nehmen während des Kochens A und B violette Farbe an und nach Verlauf einer Minute sind A und B dunkelviolett, B tief dunkelviolett, beide in Blauviolett übergehend.

Somit scheint also in diesem Oele reichlich Terpentinöl vertreten. In der Reaction sub I. war die Kochung wahrscheinlich eine ungenügende gewesen. Weitere Reactionen werden sicheren Aufschluss erreichen lassen.

b) Harz mit 20 Tropf. Spirit. absol. aufgekocht, erkaltet mit Oel und 5 Tropf. *Ol. Citronell.* und, da keine Veränderung eintritt, mit Chloroform versetzt und aufgekocht: A gelblich mit violettem Scheine, schnell blau werdend, B dunkel blauviolett. A ist nach zwei Minuten nur weniger dunkel als B, später beide gleich dunkelblauviolett.

c) Harz mit 30 Tropf. Spirit. absol. aufgekocht, erkaltet mit dem Oele gemischt und aufgekocht: A und B gelb. Nach Zusatz von Petrolbenzin aufgekocht: keine Veränderung. Nach dem Erkalten mit 10 Tropf. *Ol. Citronell.* versetzt und beiseite gestellt. In der 3. Minute tritt in B Farbenwandlung ein und in der 5. Minute ist B kräftig rothviolett, A aber noch gelb. Wäre Terpentinöl gegenwärtig, so müsste schon in der 5. Minute in A Wandlung der Farbe eingetreten sein. In der 12. Minute ist B tief dunkel rothviolett und A gelb. Da auch in der 10. Minute in A keine Wandlung der Farbe eingetreten ist, so muss dieses *Ol. Petrae* frei von Terpentinöl erkannt werden. Erst in der 15. Minute zeigt A Farbenwandlung an, indem es einen rothen Ton annimmt.

Es ist ja der Fall möglich, dass eine mit Terpentinöl ausgespülte Flasche für die Füllung mit *Ol. Petrae* benutzt wurde, eine Verfälschung mit Terpentinöl liegt aber nach dieser letzten Reaction nicht vor.

Aus dem Reactionsvorgange sub c ergiebt sich, dass

Petrolbenzin das allein passende Verdünnungsmittel war. In zweifelhaften Fällen wolle man stets die Reaction durch Petrolbenzin modificiren. (Man vergl. S. 161.)

II. *Ol. Petrae* (aus einer Apotheke). Harz mit 10 Tropf. Spirit. absol. aufgekocht, erkaltet mit Oel und Chloroform gemischt: *A* und *B* gleich gelblich, ziemlich klar. Da keine Veränderung eintritt, so Zusatz von 5 Tropf. *Ol. Citronell.* In erster Minute zeigt *B* Farbenansatz und wird roth. In 2. Minute zeigt *B* dunkeles Blauviolett, auch ist es undurchsichtig. *A* zeigt jetzt schwachen röthlichen Schimmer. Aufgekocht keine weitere Veränderung.

Diese Farbendifferenz zeigt, dass auch nicht eine Spur Terpentinöl gegenwärtig ist.

III. *Ol. Petrae alb.* (aus guter Hand). Harz mit 15 Tropf. Spirit. absol., Oel und Benzol aufgekocht: *A* und *B* trübe und schwach gelblich. Mit 2 Tropf. *Ol. Citronell.* versetzt und aufgekocht: *A* unverändert gelblich weiss, *B* kräftig violett, welche Farbendifferenz noch stundenlang andauert.

Terpentinöl ist also nicht gegenwärtig.

IV. *Ol. Petrae citrinum* (aus guter Hand). Harz mit 20 Tropf. Spirit. absol., Oel und Benzol aufgekocht: *A* und *B* trübe und gelb. Auf Zusatz von 5 Tropf. *Ol. Citronell.* zu der noch warmen Flüssigkeit und aufgekocht: *A* gelb, *B* dunkelbraun - rothviolett und nicht durchscheinend. Diese Farbendifferenz ist eine andauernde.

Eine Verfälschung mit Terpentinöl liegt also in diesem Steinöle nicht vor.

V. *Petroleum Americanum* (Brennpetroleum). Obgleich dieses einer Verfälschung mit Terpentinöl nicht ausgesetzt ist, abgesehen von einem etwaigen Vergreifen, so erhält es hier einen Platz, weil es ein sehr schönes Beispiel für die Reaction darbietet. Wird Harz mit 20 Tropf. Spirit. absol., Petrol und Amylalkohol aufgekocht, so sind *A* und *B* blassgelb. Setzt man nun 3—4—5 Tropf. *Ol. Citronell.* dazu und kocht wieder auf, so zeigt *A* eine rein gelbe, *B* aber im Verlaufe einer Minute eine tief dunkelblaue Farbe, welche Farbendifferenz andauert.

Oleum Petroselini (Petersilienöl). Harz mit Oel aufgekocht: *A* und *B* milchig trübe, gelb. Nach Zusatz von Chloroform aufgekocht *A* und *B* gelb und trübe. Erkaltet mit 2 Tropf. *Ol. Calami norm.* versetzt. Nach 2 Minuten *A* gelb, *B* dunkler gelb mit violettem Tone, dann roth werdend. In der 4. Minute wird *B* dunkelroth mit violettem Schimmer. In der 10. Minute ist *B* dunkel rothviolett, während *A* noch gelb ist.

Dieses Oel ist also frei von Terpentinöl und ein adiaphorisches.

a) Harz mit 10 Tropf. Spirit. absol. aufgekocht, dann mit Oel, Benzol und 3 Tropf. *Ol. Citronell.* versetzt und erwärmt. Da bei 80° keine Veränderung eintrat, wurde aufgekocht: *A* gelb, *B* alsbald dunkelgelb mit bräunlichem Schiller. Erkaltet nochmals mit 3 Tropf. *Ol. Citronell.* versetzt und aufgekocht: *A* kräftig gelb, *B* dunkel rothviolett, in Violettblau übergehend.

Auch diese Reaction zeigt in ihrer Farbendifferenz, dass das Petersilienöl frei von Terpentinöl ist.

Oleum Phellandrii (Wasserfenchelöl). Harz mit 15 Tropf. Spirit. absol., Oel und Benzol aufgekocht: *A* und *B* gelb. Erkaltet mit 5 Tropfen *Ol. Citronellae* versetzt, zeigt *B* sofort Farbenwandlung an, wird roth und ist in der 2. Minute schon dunkelviolett, *A* noch gelb, geht aber in der 3. Minute in dunkleren Ton über und ist in der 5. Minute kräftig rothviolett. Nach 10 Minuten sind *A* und *B* gleich dunkelblauviolett.

Hiernach wäre eine Verfälschung mit Terpentinöl anzunehmen oder das Wasserfenchelöl ist ozonoprothym, daher noch eine Probe mit milderem stimulatorischem Oele.

a) Harz mit 15 Tropfen Spirit. absol., Oel, Benzol und 3 Tropf. *Ol. Cedri ligni* (II) schäumend aufgekocht: *A* gelb, *B* nimmt sofort violetten Ton an und ist in 2 Minuten rothviolett. Da *A* trotz Kochung in den ersten 5 Minuten keinen

Farbenwechsel zeigt, so ist auch die Abwesenheit des Terpentinöls anzunehmen. Nochmals aufgekocht ist *A* gelb, *B* kräftig rothviolett und obgleich nach 2 Minuten auch *A* Wandelung zeigt, aber den gelben Farbenton vorwiegen lässt, so dürfte eine Verfälschung dieses ozonoprothymen Oels mit Terpentinöl schwerlich vorliegen.

I. *Oleum Pini Pumilionis (Ol. templinum*, Krummholzöl). Harz mit 20 Tropfen Spirit. absol., Oel und B e n z o l übergossen: *A* gelblich, *B* nimmt violetten Ton an, welcher beim Aufkochen schwindet, um dann sofort in dunkles Blauviolett überzugehen. *A* ist nach der Kochung hellgelb. Diese Farbendifferenz ist eine andauernde.

Terpentinöl ist also nicht gegenwärtig.

a) Harz mit 20 Tropfen Spirit. absol. aufgekocht, dann erkaltet mit Oel, B e n z o l und 5 Tropfen *Ol. Citronell.* versetzt: Nach einer halben Minute nimmt *B* violetten Ton an, *A* hellgelb. Nach der 2. Minute ist *A* hellgelb, *B* aber dunkelblauviolett, welche Farbendifferenz weiterhin verharrt.

Obgleich ein Coniferenöl, so hat es dennoch keine Aehnlichkeit mit dem Terpentinöle in seinem Verhalten zum Guajakharze. Dieses Krummholzöl erweist sich nicht als ein ozonoprothymes, sondern als ein stimulatorisches.

II. *Ol. Pini Pumilionis* (alt). Harz mit 20 Tropf. Spirit. absol., Oel und B e n z o l aufgekocht: *A* und *B* gelblich und klar. Da Farbenwandel nicht eintritt, so Zusatz von 2 Tropf. *Ol. Citronell.* und Aufkochen: *A* hellgelb, *B* kräftig blauviolett. Diese Differenz ist eine beständige.

Auch dieses (etwa 20 Jahre alte) Oel ist frei von Terpentinöl. *B* nimmt erkaltend an Ton zu und ist schon in der 4. Minute tief dunkelblau. Dieses Krummholzöl erweist sich als ein rein adiaphorisches, wahrscheinlich in Folge seines Alters.

Oleum Pini silvestris (Kienöl). Harz mit 20 Tropfen Spirit. absol., Oel und B e n z o l aufgekocht: *A* und *B* hellgelb. Nochmals aufgekocht dasselbe Resultat. Nun noch heiss mit 2 Tropfen *Ol. Citronell.* versetzt: *B* nimmt sofort violetten Farbenton an und ist im Verlaufe von 10 Secunden dunkelviolett. Nach einer Minute, also etwas später als *B*, nimmt *A* violetten Ton an und in Zeit von einer weiteren Minute ist *A* ebenso dunkelviolett als *B*.

Dieses Resultat war zu erwarten, denn dieses *Ol. Pini* und *Ol. Terebinth. rectif.* sind ein Geschwisterpaar; man erkennt aber aus dieser Probe. dass sich Ol. Pini vom Ol. Terebinth. unterscheiden lässt.

Nun noch eine Probe, aber ohne Kochung des Oeles:

a) Harz mit 20 Tropfen Spirit. absol. aufgekocht, dann nach dem Erkalten mit Oel, Benzol und 2 Tropf. *Ol. Citronell.* versetzt. Da im Verlaufe von 15 Minuten kaum unterscheidbare Farbenwandlung eintritt, so Zusatz noch eines Tropfens Citronellöls. Sofort wird *B* kräftiger in der Farbe und in der 3. Minute ist *B* kräftig rothviolett, *A* gelb. In der 4. Minute kündet *A* Farbenwandlung an, violetten Schein annehmend. In der 7. Minute ist *B* dunkelblauviolett, *A* gelb mit violettem Schimmer, welcher allmählich intensiver wird, dennoch zeigt *A* in der 10. Minute im durchfallenden Lichte bräunlichgelben Farbenton und in der 20. Minute mässiges Rothviolett, während *B* immer noch tief dunkelviolettblau ist.

Diese langdauernde Farbendifferenz lässt erkennen, dass diesem deutschen Kienöle kein französisches Terpentinöl beigemischt ist. Ein Theil des Kienöls wurde einer Rectification unterworfen und das Rectificat zeigte ein gleiches Verhalten wie das französische Oel und das aus diesem letzteren durch Rectification gesammelte Terpentinöl.

Oleum Piperis nigri (Pfefferöl). Harz mit 15 Tropfen Spirit. absol., Oel und Benzol aufgekocht: *A* und *B* gelblich. Erkaltet mit 5 Tropfen *Ol. Citronellae* versetzt. Nach der 1. Minute tritt in *B* Farbenwechsel ein. Nach der 2. Minute ist *B* rothviolett, *A* gelb. Nach der 5. Minute zeigt *B* dunkles Blauviolett. In der 7. Minute zeigt *A* Farbenwandlung, es ist in der 10. Minute mässig rothviolett und in der 15. Minute so dunkelblauviolett wie *B*. Diese

Uebereinstimmung der Färbung deutet auf Terpentinöl oder es ist ein schwächeres stimulatorisches Oel anzuwenden.

a) Harz mit 15 Tropfen Spirit. absol., Oel, Benzol und 5 Tropfen *Ol. Cedri ligni* (II) aufgekocht. Nach 5 Secunden zeigt *B* Farbenwandlung, *A* ist aber blassgelb. Nach 2 Minuten ist *B* hellrothviolett. In der 10. Minute ist *A* gelb, *B* hellrothviolett. Nun weitere 5 Tropfen *Ol. Cedri* zugesetzt und aufgekocht ist *A* gelb, *B* mässig blauviolett. Da innerhalb der folgenden 30 Minuten in *A* keine Wandelung eintritt, die gelbe Farbe noch rein waltet, so muss dieses Pfefferöl als frei von Terpentinöl erkannt werden. Dieses Oel erforderte also nur ein mildes stimulatorisches Oel.

Oleum Pulegii (Ol. Menthae Pulegii, Poleyöl, Flohkrautöl). Harz mit 15 Tropfen Spirit. absol., Oel und Benzol schäumend aufgekocht: *A* und *B* schwach gelblich, in Hellgelb übergehend, erkaltet unverändert bleibend. Zusatz von 3 Tropf. *Ol. Citronell.* Nach einer Minute tritt in *A* und *B* Wandelung der Farbe ein und nach der 3. Minute ist *B* dunkelviolett, *A* mässig violett. In der 5. Minute sind *A* und *B* gleich dunkelviolett. Diese Reaction deutet auf Terpentinölgehalt, daher eine zweite Reaction unter Anwendung eines milderen Stimulans (Menthaöle sind meist ozonoprothym):

a) Wird Harz mit 15 Tropf. Spirit. absol., Oel, Benzol und 6 Tropf. *Ol. Cedri ligni* (II) schäumend aufgekocht, tritt sofort in *A* und *B* violetter Ton ein und in 2 Minuten zeigen *A* und *B* kräftiges Rothviolett, in *A* dunkler als in *B* und nach einer halben Stunde ist *A* violett, *B* gelbbräunlich mit violettem Schimmer.

Nach 3 Stunden sind *A* und *B* gleich kräftig gelb. Nun mit 1 Tropf. *Ol. Citronell.* versetzt und aufgekocht und mit 1,5 ccm Benzol verdünnt: *A* und *B* gleich blauviolett. Nun wieder beiseite gestellt. Nach 12 Stunden bieten *A* und *B* bei allen Vornahmen ein gleiches Verhalten.

Dass dieses Oel dem Terpentinöle bezüglich der Guajakreaction ähnlich sein könne, ist nicht anzunehmen und scheint der Terpentinölgehalt hier nicht zu fehlen, doch zur Sicherheit eine andere Probe ohne Kochung:

b) Harz mit 15 Tropf. Spirit. absol. aufgekocht und erkaltet mit Oel, Benzol und 4 Tropfen *Ol. Citronell.* versetzt. *A* und *B* gelb. In einer halben Minute nimmt *B* violetten Ton an und in der 5. Minute ist *B* kräftig blauviolett, *A* aber gelb mit violettem Schimmer. In der 8. Minute zeigt *A* hellröthlichviolette Farbe, *B* dunkelblauviolette. In der 10. Minute setzt *A* auch bläulichen Schimmer an, erscheint aber mehr rothviolett. Erst in der 20. Minute ist *A* mässig blau.

Die Farbendifferenz hat hier fast 15 Minuten gedauert, welcher Umstand die Abwesenheit des Terpentinöles annehmen lässt. Man vergl. auch S. 104 sub IV.

I. *Oleum Rorismarini Gallic.* (Rosmarinöl, neue Waare, aus guter Hand). Harz mit 15 Tropfen Spirit. absol., Oel und Benzol aufgekocht: *A* und *B* hellgelb. Da im Verlaufe einer Viertelstunde keine Veränderung eintritt, so Zusatz von 5 Tropfen *Ol. Citronell.* In *B* tritt sofort Wandlung der Farbe ein und in 3 Minuten ist *B* kräftig rothviolett, *A* hellgelb. Diese Differenz der Farben dauert auch noch weiterhin Stunden hindurch.

Dieses Oel ist also frei von Terpentinöl und adiaphorisch.

a) Harz mit 15 Tropfen Spirit. absol., Oel, Benzol und 5 Tropfen *Ol. Cedri ligni* (II) aufgekocht: *A* und *B* gelb. Da nur schwache Wandlung in *B* eintritt, so 4 Tropfen *Ol. Citronell.* zugesetzt und aufgekocht: *B* sofort dunkelblauviolett, *A* hellgelb. Da diese Differenz Stunden hindurch Bestand hat, so muss das Oel als frei von Terpentinöl erkannt werden.

II. *Ol. Rorismarini rectif.* (aus guter Hand). Harz mit 15 Tropf. Spirit. absol., Oel und Benzol aufgekocht: *A* und *B* gelb. Da kein Wandel in der Farbe eintritt, so Zusatz von 2 Tropfen *Ol. Citronell.* und Aufkochen. Da auch jetzt *B* nur etwas kräftiger an Farbe wird, so noch ein Zusatz von 2 Tropfen *Ol. Citronell.* und Aufkochen. Jetzt wird *B* sofort tief dunkelviolett, aber *A* ist gelb und bleibt es auch weiterhin.

Diese Farbendifferenz lässt die Abwesenheit des Terpentinöls mit aller Gewissheit erkennen. Rosmarinöl ist, wie wir aus den Resultaten der Reactionen sub I, II und III ersehen, ein adiaphorisches Oel.

III. *Ol. Rorismarini.* Harz mit Oel aufgekocht: *A* und *B* milchig trübe, kaum gelblich. Mit Chloroform versetzt und aufgekocht *A* und *B* weisslich trübe. Erkaltet mit 2 Tropf. *Ol. Calami normale* versetzt. Nach einer Minute setzt *B* violetten Ton an und wird in der 2. Minute roth, in der 3. stark violett, während *A* gelb bleibt und nur violetten Schimmer zeigt. In der 4. Minute ist *B* dunkelviolett, *A* röthlich gelb. In der 5. Minute wird *A* mehr roth und blassviolett. In der 6. Minute mit gleichem Vol. *Spirit. absol.* gemischt erscheint *A* blassviolett, *B* tief dunkelviolettblau. So auch in der 10. Minute.

Nun werden·*A* und *B* blasser, und am Grunde bei *A* und *B* tritt gelber Schein ein, während die obere Schicht bei *A* sehr blassviolett, bei *B* dunkelviolett erscheint. In der 15. Minute ist in *A* gelblicher Farbenton eingekehrt, *B* ist aber noch violettblau, wenn auch weniger dunkel. In der 30. Minute ist *A* gelb, *B* aber violett. Nach diesen Farbendifferenzen zu urtheilen, liegt in diesem Rosmarinöle ein Terpentinölgehalt nicht vor.

IV. *Ol. Rorismarini Gallic.* Harz mit 10 Tropf. Spirit. absol. aufgekocht, mit Oel und Chloroform, sowie mit 2 Tropf. *Ol. Citronellae* versetzt und aufgekocht: *A* und *B* vom Gelb schnell in Violett übergehend. Dieses Oel enthält also reichlich Terpentinöl (15—20 Proc.).

a) Ebenso behandelt, statt Chloroform aber Amylalkohol und nur 1 Tropf. *Ol. Citronell.* zugesetzt und im Wasserbade erwärmt. *A* und *B* ziemlich klar und gelblich. Bei 70° in *A* und *B* leichter violetter Schimmer, bei 80° kräftiger. Nach halbstündigem Beiseitestehen war *A* etwas gelblicher violett als *B* und aufgekocht *A* und *B* dunkelviolett, *A* eine Spur heller als *B*. Nach 2 Stunden zeigen *A* und *B* dieselbe bläulich-grünliche Farbe.

Hieraus ergiebt sich ein reichlicher Gehalt an Terpentinöl, denn diese Uebereinstimmung der Farben ist auffallend. Eine weitere Reaction wird diese Annahme bestätigen.

b) Harz mit 10 Tropf. Spirit. absol. aufgekocht, erkaltet mit Oel, Petrolbenzin und 5 Tropf. *Ol. Citronell.* versetzt und aufgekocht. Die weisslich-gelblichen trüben Mischungen nehmen im Verlaufe einer halben Minute violetten Ton an und sind im Verlaufe einer Minute blassviolett, in 2 Minuten kräftig violett, nur zeigt *A* etwas röthliche Nüance, *B* mehr bläuliche. Letzteres ist auch etwas dunkler.

Auch dieser Mangel von Farbendifferenz bestätigt eine Verfälschung mit Terpentinöl.

V. *Ol. Rorismar. Italic.* Harz und Oel aufgekocht: *A* trübe, gelblich, *B* milchig trübe, gelblich. Mit Chloroform gemischt *A* und *B* wenig trübe und mässig gelb. Aufgekocht keine Veränderung. Erkaltet mit 2 Tropf. *Ol. Calami norm.* versetzt: Nach 2 Minuten setzt *B* violetten Ton an, in der 3. Min. ist *B* blassviolett, *A* gelb, in der 8. Min. *A* gelb, *B* violett. Jetzt setzt auch *A* violetten Ton an. In der 10. Minute *A* von röthlicher Farbe, *B* dunkelviolett.

Nun mit gleichem Vol. *Spirit. absol.* verdünnt: *A* blassviolett, *B* dunkelviolettblau. Im Uebrigen gleicher Verlauf wie sub I.

Dieses Oel bietet somit eine Differenz der Färbung, dass man es als frei von Terpentinöl bezeichnen muss. Die folgende Probe bestätigte dieses Urtheil.

a) Harz mit 10 Tropf. Spirit. absol. aufgekocht, dann mit Oel, Benzol und 1 Tropf. *Ol. Citronell.* versetzt. Da beim Erwärmen bis 80° *A* und *B* gleiche gelbe Farbe zeigen, so aufgekocht. *A* und *B* sind gelb. Erkaltet mit 2 Tropf. *Ol. Citronell.* versetzt: *B* nimmt sofort violetten Schimmer an. Nach 3 Minuten *A* gelb, *B* roth mit violettem Scheine, himbeerroth, nach 4 Minuten rothviolett, nach der 5. Minute violett, während *A* rein gelb ist. Im

Verlaufe einer halben Stunde zeigt *A* gelbe Farbe mit grünlichem Schimmer, *B* ist blauviolett.

Diese Farbendifferenz im Verlaufe einer halben Stunde lässt erkennen, dass Terpentinöl in diesem Oele nicht vertreten ist. Zur Sicherung des Urtheils noch eine Reaction unter Beihilfe des Petrolbenzins.

b) Harz mit 10 Tropf. Spirit. absol. aufgekocht, erkaltet mit Oel, Petrolbenzin und 5 Tropf. *Ol. Citronell.* versetzt und aufgekocht. *A* und *B* milchig trübe, gelblich. Nun noch 5 Tropfen *Ol. Citronell.* zur warmen Flüssigkeit hinzugesetzt. Sofort nimmt *B* violetten Ton an und in Zeit von 5 Minuten zeigt es kräftiges Blauviolett, *A* ist schwach grünlich. Nun aufgekocht: *A* bläulich lilafarben, *B* blauviolett.

Auch diese Reaction zeigt eine Farbendifferenz, welche völlige Abwesenheit des Terpentinöls annehmen lässt.

Oleum Rusci aethereum (äth. Birkentheeröl). Harz mit 15 Tropf. Spirit. absol., Oel und Benzol aufgekocht: *A* und *B* gelb und etwas trübe. Erkaltet mit 5 Tropf. *Ol. Citronell.* versetzt, nimmt *B* nur röthlichen Schimmer an. Aufgekocht *A* gelb, *B* dunkel rothviolett, welche Farbendifferenz weiteren Bestand hat.

Somit ist dieses Oel total frei von Terpentinöl.

I. *Oleum Rutae Gallic.* (Rautenöl). Harz mit 15 Tropf. Spirit. absol., Oel und Benzol aufgekocht: *A* und *B* hellgelb und trübe. Da keine Farbenwandlung eintritt, so Zusatz von 5 Tropf. *Ol. Citronell.* Nun tritt in *B* alsbald Farbenwandlung ein und im Verlaufe einer Minute ist *B* dunkelviolett, aber auch in *A* tritt schon in 2. Minute violetter Ton ein und in 3. Minute ist *A* fast so dunkelviolett wie *B*, später sind *A* und *B* dunkel blauviolett. Nach 12 Stunden gleiche Farbe, auch nach dem Aufkochen.

Damit wäre allerdings die Gegenwart von Terpentinöl angezeigt, doch zur Sicherheit eine zweite Reaction mit minder stimulatorischem Oele.

a) Harz mit 15 Tropf. Spirit. absol., Oel, Benzol und 5 Tropf. *Ol. Cedri ligni* (II) aufgekocht: *A* und *B* gelb. Da wenig Wandel der Farben sichtbar wird, so geschieht ein weiterer Zusatz von 5 Tropf. jenes Oels und Aufkochen. Diesmal nehmen *A* und *B* sofort rothen Farbenton an, welcher in *B* nur etwas kräftiger ist, ohne an Intensität zuzunehmen. Deshalb Zusatz von 2 Tropfen *Ol. Citronell.* und Beiseitestellen. Sofort werden *A* und *B* dunkler roth. Nach 12 Stunden zeigen *A* und *B* gleiches Verhalten nach allen Seiten hin, aufgekocht, verdünnt, bei weiterem Beiseitestehen etc.

Nach den Resultaten der vorerwähnten Reactionen zu urtheilen, liegt eine Verfälschung mit Terpentinöl vor. Vielleicht ist die Aufkochung des Oeles mit dem Harze hier nicht angebracht, weshalb folgender Reactionsvorgang:

b) Harz mit 15 Tropf. Spirit. absol. aufgekocht und erkaltet mit Oel, Benzol und 5 Tropf. *Ol. Citronell..* versetzt: *A* und *B* gelb. Im Verlaufe einer halben Minute nimmt *B* dunkleren Ton an und zeigt in der 3. Minute blasses, in der 6. Minute kräftiges, in der 10. Minute dunkles Violettblau. *A* ist gelb und zeigt in der 10. Minute von oben betrachtet violetten Schein. In der 15. Minute ist *B* dunkelblau, *A* im durchfallenden Lichte immer noch gelb mit schwachem violetten Schimmer. Erst in der 20. Minute kann *A* mit schwach röthlich violett bezeichnet werden, denn im durchfallenden Lichte ist immer noch ein gelber Schein vertreten. In der 30. Minute war *A* mässig violett mit röthlichem Scheine, *B* rein blau, so auch in der 40. Minute, *A* war nur eine Spur kräftiger an Farbe geworden.

Eine so starke, circa 20 Minuten dauernde Differenz der Farben rechtfertigt die Annahme, dass dieses ozonoprothyme Oel frei von Terpentinöl ist. Die Kochung war eben für dieses Rautenöl nicht am Platze.

II. *Oleum Rutae Germ.* Harz mit 10 Tropf. Spirit. absol. aufgekocht, dann mit Oel, Amylalkohol und 2 Tropf. *Ol. Citronell.* versetzt, auf 70⁰ erhitzt: *A* und *B* gelb, nun schwach aufgekocht *A* gelb, *B* sofort dunkelviolett. Nach zwei Minuten hat *A* einen violetten Anflug angenommen und erscheint hell grünlich-bräunlich, während *B* rein violettblau ist. Diese Farbendifferenz dauert weiterhin und nach einer Stunde lässt sich wenig Veränderung erkennen. Nach dieser Zeit zeigt *A* im durchfallenden Lichte mehr einen gelben Farbenton und *B* ein minder dunkles Violett. Nach zwei Stunden zeigt auch *B* gelben Ton und *A* ist völlig gelb.

Aus diesen Differenzen muss auf die Abwesenheit des Terpentinöls erkannt werden. Kochung und starke stimulatorische Oele zu meiden, dürfte für die Reaction passender sein.

a) Harz und Oel aufgekocht: *A* trübe und gelb, *B* milchig trübe, gelblich. Nach Chloroformzusatz aufgekocht *A* und *B* gelb, etwas trübe. Erkaltet mit 2 Tropf. *Ol. Calami norm.* versetzt. Nach 1 Minute *A* gelb, *B* setzt violetten Ton an und erscheint grünlich, aber schon 2 Minuten später blauviolett, während *A* einen schwachen violetten Ton angenommen hat, welcher im durchfallenden Lichte stark gelb erscheint. Nach 3 Minuten ist *B* dunkel blauviolett, *A* blass röthlich violett. In der 5. Minute ist *B* immer noch dunkler als *A*, welches erst in der 6. Minute in der Farbe dem *B* gleichkommt. Mit einem gleichen Vol. absol. Weingeist gemischt zeigt *B* ein bedeutend dunkleres Colorit als *A*.

Diese Reaction deutet entweder auf Terpentinöl oder dieses Rautenöl ist ein stark ozonoprothymes Oel. Nun eine weitere Probe ohne Aufkochung des Oels:

b) Harz mit 20 Tropf. Spirit. absol. aufgekocht, erkaltet mit dem Oele und Benzol, sowie 6 Tropf. *Ol. Citronell.* versetzt und beiseite gestellt. *A* und *B* gelb, *B* nimmt aber schnell violetten Farbenton an und ist nach 5 Minuten kräftig violett, *A* noch gelb. In der 8. Minute setzt *A* violetten Schimmer an, *B* aber ist rein blau. In der 15. Minute zeigt *A* einen sehr blassen roth violetten Ton, während *B* tief dunkelblau ist. In der 20. Minute ist *A* immer noch schwach röthlich violett und da auch in der 30. Minute ein auffallender Unterschied zwischen *A* und *B* waltet, besonders was die Intensität der Farben betrifft, so muss dieses Rautenöl als ozonoprothymes und frei von Terpentinöl erkannt werden. Die Kochung dieses Oels mit dem Harze scheint für die Guajakreaction also nicht passend zu sein.

III. *Ol. Rutae* (neue Waare). Harz mit 15 Tropf. Spirit. absol., Oel und Benzol aufgekocht: *A* und *B* hellgelb, trübe. Da keine Farbenwandlung eintritt, Zusatz von 2 Tropf. *Ol. Citronell.* und Aufkochen: *A* gelb, *B* auch gelb, nimmt aber alsbald röthlichen Ton an, welcher auf Zusatz von weiteren 2 Tropf. *Ol. Citronell.* in Violett übergeht, während *A* nun rothen Ton annimmt, um in Violett überzugehen. Nach einer Stunde ist *A* schwach rothviolett, *B* aber blauviolett (nicht dunkel). Diese Divergenz der Färbung deutet bei einem ozonoprothymen Oele auf Abwesenheit des Terpentinöls. Nach 2 Stunden ist *A* röthlich violett, *B* bläulich violett. 25 Minuten später zeigt *A* im durchfallenden Lichte gelbes Colorit mit sehr schwachem violettem Schimmer, *B* blauviolette Farbe, also auch wiederum eine genügende Differenz.

a) Harz mit 15 Tropf. Spirit. absol., Oel, Benzol und 6 Tropf. *Ol. Cedri ligni* aufgekocht: *A* röthlich, *B* roth und dunkler. Nochmals aufgekocht nehmen *A* und *B* dunklere Töne an, doch ist *B* bedeutend dunkler als *A* und zeigt nach einer Minute bläulichen Ton, welcher in *A* fehlt. Nach Zusatz eines Tropfens *Ol. Citronell.* und Aufkochen zeigen *A* und *B* fast gleiche violette Färbung und 2 Stunden später ein gleiches Gelb. Nach Zusatz von 2 Tropf. *Ol. Citronell.* bleibt *A* gelb, *B* wird violett, und aufgekocht ist *A* hellviolett, *B* dunkelviolett. Die Kochung des Oeles, welches ozonoprothym ist, scheint nicht passend, also eine Reaction ohne Kochung.

b) Harz mit 20 Tropf. Spirit. absol. aufgekocht und erkaltet mit Oel, Benzol und 4 Tropf. *Ol. Citronell.* versetzt: *A* und *B* gelb. In der 2. Minute zeigt *B* schon Farbenwandlung an, in der 4. Minute aber auch *A*. In der 5. Minute ist *B* vollkommen violett, *A* gelb mit violettem Schimmer. In der 10. Minute ist *B* blauviolett, *A* mässig rothviolett, im durchfallenden Lichte mit gelbem Tone. In der 15. Minute zeigt *B* dunkelblaue, *A* violette Farbe mit röthlichem Schimmer und in der 20. Minute sind A und B fast gleich blauviolett.

Aus diesen allerdings nur mässigen Farbendifferenzen ist zu entnehmen, dass Terpentinöl wohl nicht gegenwärtig sein könne. Nun ein Versuch mit einem schwächeren stimulatorischen Oele:

c) Verfahren wie sub b), in Stelle des Citronellöls aber 5 Tropf. *Ol. Spicae*. Da in 15 Minuten keine Farbenwandlung eintritt, so weiterer Zusatz von 5 Tropf. *Ol. Spicae*. Jetzt wird B sofort dunkler gelb und nimmt violetten Schimmer an und 2 Minuten darauf zeigt auch A Wandelung. In der 10. Minute ist B violett, A gelb mit violettem Schimmer. In der 20. Minute ist B blauviolett, A aber rothviolett, im durchfallenden Lichte mit gelbem Tone und in der 30. Minute zeigt A himbeerrothe Farbe mit Violett, B aber dunkles Blau.

Mit diesen etwa 20 Minuten andauernden Farbendifferenzen ist bei einem stark ozonoprothymen Oele auch die Abwesenheit des Terpentinöls sicher anzunehmen.

IV. *Ol. Rutae* (aus einer Apotheke). Harz mit 20 Tropf. Spirit. absol., Oel und Benzol aufgekocht: A und B hellgelb. Da keine Farbenänderung eintritt, so Zusatz von 3 Tropf. *Ol. Citronell.* und Aufkochung: A gelb, B rothviolett, nach einer Minute A gelbbraun, B dunkelrothviolett. In der dritten Minute im durchfallenden Lichte A gelbbraun, B dunkelbraunviolett. Nochmals aufgekocht zeigt A starken violetten Ton.

Eine halbe Stunde später sind A und B gelbröthlichbraun, B nur dunkler. Nun noch mit 4 Tropf. *Ol. Citronell.*, 20 Tropf. Spirit. absol. und 1,5 ccm Petrolbenzin versetzt und aufgekocht: A und B rein blau, B nur dunkler. Nach 12 Stunden sind A und B gelb und aufgekocht A und B blauviolett, A heller als B.

Aus diesen Reactionen ergiebt sich, dass die Aufkochung zu vermeiden ist, weil Rautenöl den ozonoprothymen Oelen angehört. Desshalb folgende Probe:

a) Harz mit 20 Tropf. Spirit. absol. aufgekocht, erkaltet

mit Oel, Benzol und 4 Tropf. *Ol. Citronell.* versetzt: *A* und *B* strohgelb. In der 3. Minute zeigt *B* Farbenwandelung, einen leisen Schimmer des Violetts annehmend. In der 6. Minute ist *B* kräftig hellviolett, in der 10. Minute kräftig violett, *A* gelblich. In der 15. Minute ist *B* blauviolett, *A* immer noch gelblich im durchfallenden Lichte, aber mit violettem Schimmer. In der 30. Minute ist *A* blassgrünlichviolett, *B* blauviolett. Auch in der 50. Minute ist der Ton in *A* etwas bläulicher geworden, aber zwischen *A* und *B* findet keine Aehnlichkeit statt.

Damit bezeigt dieses ozonoprothyme Oel das Freisein von Terpentinöl.

I. *Oleum Sabīnae* (Sadebaumöl). Harz mit Oel aufgekocht: *A* und *B* milchig trübe. Nach Zusatz von Chloroform aufgekocht: *A* und *B* gelblich, *B* etwas trüber als *A*. Nach dem Erkalten mit 2 Tropf. *Ol. Calami normale* versetzt: Nach einer Minute macht sich in *B* ein Ansatz violetten Tones bemerkbar, und in der 3. Minute ist *A* gelb, *B* aber roth mit violettem Scheine. In der 5. Minute zeigt *A* immer noch gelbe Farbe, *B* mässiges Violett, welches in der 6. Minute in Blauviolett übergeht. In der 7. Minute macht sich bei *A* eine Farbenveränderung bemerkbar, doch der gelbe Ton bleibt vorherrschend. In der 8. Minute zeigt *A* röthlichgelben Farbenton, während *B* dunkelblauviolett erscheint, so auch in der 10. Minute.

Nun mit einem gleichen Vol. absol. Weingeist verdünnt, erscheint *A* rosenroth, *B* kräftig violettblau. Nach einer halben Stunde *A* gelb, *B* violett, am Grunde eine 1 cm dicke gelbe Schicht bildend.

Diese Differenzen in der Färbung lassen mit aller Sicherheit die Abwesenheit des Terpentinöls im Sabinaöle erkennen, welches Oel als Coniferenöl auch den ozonoprothymen anzugehören scheint.

II. *Ol. Sabinae Germanic.* Harz mit Oel aufgekocht: *A* trübe gelblich, *B* weniger trübe gelblich. Nach Zusatz von Chloroform *A* gelb, *B* strohgelb. Nun 1 Tropf. *Ol.*

Calami normale dazu gesetzt. In einer Minute zeigt *B* violetten Ansatz. Nach 3 Minuten *A* gelb, *B* violettblau. Nach 5 Minuten *A* gelb, *B* kräftig violettblau und nach 15 Minuten *A* gelb, *B* dunkelviolettblau. Nach Verlauf der 40. Minute beginnt bei *A* eine Aenderung der Farbe unter Annahme eines violetten Scheines. Nun mit einem gleichen Vol. absol. Weingeist gemischt, erscheint *A* röthlichgelb, *B* tief violettblau. 30 Minuten später ist *A* wieder gelb und *B* weniger dunkelviolett.

Diese Farbendifferenzen lassen die Abwesenheit des Terpentinöls mit Sicherheit annehmen.

III. *Ol. Sabīnae* (neue Waare). Harz mit 10 Tropf. Spirit. absol. aufgekocht, dann Oel, Chloroform und ein Tropf. *Ol. Citronell.* dazugegeben, aufgekocht und beiseite gestellt. *A* und *B* ziemlich klar und gelb. Nach 12 Stunden *A* und *B* goldgelb und klar. Aufgekocht tritt in *B* ein dunkler Farbenton auf, erkennbar beim Betrachten gegen weisses Papier. Noch heiss mit 3 Tropf. *Ol. Citronell.* versetzt und etwas erhitzt wird *B* violett und dunkel, *A* ist zuerst gelb und nimmt nach einer halben Minute einen sehr schwachen violetten Schein an, im durchfallenden Lichte ist aber gelb vorherrschend.

Diese Farbendifferenzen deuten bei einem ozonoprothymen Oele auf Abwesenheit des Terpentinöls, welche auch durch die folgende Probe bestätigt wird.

a) Harz mit 10 Tropf. Spirit. absol. aufgekocht, dann mit Oel, Benzol und 3 Tropfen *Ol. Citronell.* versetzt und erhitzt: *A* und *B* sind gelb, bei 80° tritt bei *B* der Schein einer Farbenwandlung ein. Von Oben betrachtet erscheint *B* dunkler als *A*. Nach dem Erkalten nochmals mit drei Tropfen *Ol. Citronell.* versetzt und erwärmt tritt bei 60 bis 65° bei *B* stark violetter Ton ein, während *A* gelb ist. *B* erscheint gelbbraun mit violettem Schimmer, *A* gelb. Diese Differenz dauert noch weiterhin, indem *B* immer noch an Farbenintensität zunimmt.

Hiernach ist das Oel frei von Terpentinöl.

IV. *Ol. Sabinae* (aus einer Apotheke entnommen) wurde ganz so, wie sub III a angegeben ist, behandelt, aber schon beim ersten Erhitzen (auf 80°) trat in A und B ein stark violetter Ton und Dunkelfärbung ein, es war also hier eine bedeutende Verfälschung mit Terpentinöl zu erkennen.

V. *Ol. Sabinae* (aus einer Apotheke). Harz mit 15 Tropf. Spirit. absol., Oel und Benzol aufgekocht: A und B gelb, aber im Verlaufe einer Minute nimmt B dunkleren Ton an und ist in der 2. Minute kräftig violett. Nach einer Viertelstunde wieder aufgekocht ist B kräftig blauviolett, A gelb mit röthlichem Schimmer. Diese Differenz waltet eine Stunde, während welcher Zeit der Ton anfangs in A nur etwas stärker roth geworden ist, im durchfallenden Lichte aber gelb erscheint. In der folgenden halben Stunde ist A rein gelb, B heller blauviolett geworden.

Dieses Sabinaöl ist somit ein stimulatorisches Oel und sicher frei von Terpentinöl.

I. *Oleum Salviae Germanic.* (Salbeiöl). Harz mit Oel aufgekocht: A und B gelblich trübe. Nach Zusatz von Chloroform und Aufkochen A und B trübe gelblich. Nun Zusatz von 2 Tropfen *Ol. Calami normale*. In der 4. Minute tritt bei B die Neigung zum Farbenwechsel ein. Nach der 5. Minute A gelb, B violett schimmernd, nach der 7. Minute A gelb, B blassviolett, nach der 10. Minute A gelb, B dunkelviolettblau.

In der 11. Minute neigt A zum Farbenwechsel, A ist röthlich, im durchfallenden Lichte gelb. In der 15. Minute ist A röthlicher geworden und nach der 30. Minute ist A immer noch röthlich, B aber violettblau.

Diese Farbendifferenzen sind ein Beweis, dass eine Verfälschung mit Terpentinöl nicht vorliegt, wie dies auch aus folgenden Proben hervorgeht. Salbeiöl scheint ein ozonoprothymes Oel zu sein.

a) Harz mit 10 Tropfen Spirit. absol. aufgekocht, dann mit Oel, Benzol und 3 Tropfen *Ol. Citronell.* versetzt und erwärmt. Bei 60° tritt in das Gelb von B violetter Schimmer ein und bei 75⁰ ist *A* gelb mit schwachem violetten Scheine, *B* dunkler mit stärkerem Violett. Da zwischen *A* und *B* in der Farbe nur geringe Differenz waltete, nach einer Stunde *A* und *B* ein kräftiges Goldgelb zeigten, nach Zusatz von 3 Tropfen *Ol. Citronellae* und Aufkochen *A* und *B* ein Violett annahmen, welches bei *A* nur wenig heller erschien, aber schnell in Dunkelviolett wie bei *B* überging, so wurde, weil der Erfolg dieser Reaction dem Erfolge der vorigen widerspricht und Terpentinöl angedeutet wird, noch folgende Reaction vorgenommen und zwar unter Vermeidung der Wärme.

b) Harz wird mit 20 Tropfen Spirit. absolut. aufgekocht, nach dem Erkalten mit Oel, Benzol und 4 Tropfen *Ol. Citronell.* versetzt. Beiseite gestellt: *A* und *B* hellgelb, *B* nimmt alsbald einen kräftigeren Farbenton an und ist im Anfange der 3. Minute schon mässig, in der 5. Minute aber kräftig violett, *A* aber gelb. In der 10. Minute ist *B* sehr dunkelblauviolett, *A* gelb, scheint aber von Oben betrachtet einen schwachen violetten Schimmer anzunehmen. In der 15. Minute erscheint *A* im durchfallenden Lichte mässig gelb mit schwachem violetten Schimmer, *B* schön kräftig blau, auch in der 20. Minute ist *A* unverändert. In der 30. Minute lässt *A* im durchfallenden Lichte immer noch gelben Farbenton erkennen, und erst nach 40 Minuten kann man *A* mit schwach röthlichviolett bezeichnen, während *B* dunkelblau erscheint.

Diese lange andauernde Farbendifferenz gewährt die Sicherheit, dass dieses Salbeiöl frei von Terpentinöl ist. Wäre dieses darin vorhanden, so hätte schon während der 5.—7. Minute oder dann ein violetter Schein in *A* eintreten müssen, als *B* ein kräftiges Violett angenommen hatte.

Wie die folgenden Reactionen ergeben, so ist Salbeiöl entweder ozonoprothym oder nur adiaphorisch. Zeigt es sich ozonoprothym, so ist es besser, während der Reaction die Anwendung der Wärme zu unterlassen.

II. *Ol. Salviae* (neu). Harz mit 10 Tropfen Spirit. absol., aufgekocht, dann mit Oel, Chloroform und 3 Tropfen *Ol. Citronell.* versetzt und auf 65⁰ erhitzt. *A* und *B* gelb, also keine Veränderung. Daher aufgekocht. In Zeit von 1 Minute ist *B* gelbbraun mit violettem Schimmer. Nochmals aufgekocht *A* immer noch gelb, *B* dunkelgelbbraun mit mehr violettem Tone und nach 1 Minute kräftig rothviolett, in der 2. Minute noch dunkler, während *A* die gelbe Farbe wahrt, auch noch die folgende Stunde hindurch.

Diese Farbendifferenz schliesst die Annahme der Gegenwart von Terpentinöl sicher aus.

a) Aehnlich vorgegangen, aber in Stelle des Chloroforms Benzol und 5 Tropfen *Ol. Citronellae* genommen und erwärmt, *A* und *B* gelb. Bei 70⁰ nimmt *B* violetten Ton an. Eine Minute bei 70⁰ erhalten wird *B* kräftig rothviolett, während *A* gelb bleibt. *B* wird allmählich dunkler. Auch aufgekocht bleibt *A* gelb und *B* wird dunkel-violett.

Auch diese Differenz bestätigt die Abwesenheit des Terpentinöls mit aller Gewissheit. Dieses Salbeiöl ist nicht ozonoprothym und nur adiaphorisch.

III. *Ol. Salviae.* Harz mit 20 Tropfen Spirit. absol., Oel und Benzol aufgekocht: *A* und *B* gelb. Mit 4 Tropf. *Ol. Citronell.* vermischt und, weil keine Farbenwandlung eintritt, aufgekocht: *A* gelb, *B* violett, *A* nimmt aber dunklere Färbung an und erscheint braungelb, welche Farbendifferenz eine Viertelstunde andauert, nach welcher Zeit *A* und *B* gelbbraune Farbe, *B* eine etwas dunklere, zeigen. Nun mit 6 Tropfen *Ol. Citronellae* versetzt und bis auf 30⁰ erwärmt, nimmt *B* dunkle blauviolette, *A* bräunlichgelbe Farbe mit violettem Schimmer an.

Diese Differenz der Färbung lässt die Abwesenheit des Terpentinöls mit aller Sicherheit annehmen.

I. *Oleum Santàli Occidentale* (Sandelöl, alt). Harz mit Oel aufgekocht: *A* rein gelb, *B* dunkelviolett, auch nach dem Zusatze von Amylalkohol *A* gelb, *B* dunkelblauviolett. Dieses Oel mit dieser Reaction kann unter Umständen das

Ol. Citronellae bei den Reactionen auf Terpentinöl als stimulatorisches Oel ersetzen.

II. *Oleum Santali Orientale* (alt). Harz mit Oel aufgekocht bleibt A gelb, während des Erhitzens wird B aber schon braunviolett, schnell in Gelb zurückkehrend. Zum heissen Oele Benzol gegeben: A und B gelb. 10 Tropfen *Ol. Citronell.* dazugegeben und aufgekocht: A und B gelb. Hier ist allein das Braunviolett während des Erhitzens des Harzes mit Oel die Terpentinöl anzeigende Reaction. Da diese vorübergehende Färbung nicht in A eintritt, so ist das Oel auch frei von Terpentinöl.

a) Harz mit 10 Tropfen Spirit. absol. aufgekocht, dann mit Oel und Amylalkohol, sowie mit 6 Tropfen *Ol. Citronellae* versetzt und erwärmt: A und B gelb. Bei 40^0 wird B etwas dunkler und bei 50^0 tritt Violett ein. Dem Wasserbade entnommen zeigt A gelbe Farbe, B bräunlich violetten Ton, nach einer Minute aber schon Braunviolett und nach 2 Minuten dunkles Violett, allmählich in dunkles Blauviolett übergehend. A bleibt gelb, selbst nach dem Aufkochen, während B auch weiterhin tief dunkles Violett zeigt.

Terpentinöl ist also in dem Oele nicht gegenwärtig.

III. *Ol. Santali Orientale* (neuere Waare). Harz mit Oel aufgekocht: A gelb, B dunkelviolett, auch nach Zusatz von Amylalkohol und Aufkochen, A gelb, B dunkelblauviolett. Das Oel ist somit frei von Terpentinöl. Auch dieses Oel kann *Ol. Citronellae* als stimulatorisches Oel ersetzen.

IV. *Ol. Santali Japonic.* Harz mit Oel aufgekocht. Während des Kochens geht B in Violett über, um nach dem Kochen braun zu erscheinen, während A gelb ist. Wird dem heissen Oele Benzol zugesetzt, so ist und bleibt A gelb, B nimmt aber violettrothen Farbenton an, schnell kräftig und dunkler werdend. Nach dem Aufkochen A gelb, B rothviolett.

Auch diese Verschiedenheit der Färbung in A und B beweist die Abwesenheit des Terpentinöls. Von 4 verschiedenen Sorten Sandelöl erwiesen sich 3 Sorten als stimulatorische Oele, welche sich nur um ein Geringes schwächer erwiesen als das eminent stimulatorische Citronellöl.

I. *Oleum Sassafras* (Sassafrasöl, Fenchelholzöl). Harz mit 16 Tropf. Spirit. absol., Oel und Benzol aufgekocht: *A* und *B* gelb, welche Färbung andauert. Nun mit 5 Tropf. *Ol. Citronell.* versetzt und beiseite gestellt. Nach 5 Minuten ist *A* noch rein gelb, *B* tief dunkelblau, welche Farbendifferenz Stunden hindurch andauert.

Hiernach ist dieses Oel total frei von Terpentinöl und ein adiaphorisches Oel.

II. *Ol. Sassafras rectf.* Harz mit 15 Tropf. Spirit. absol., Oel und Benzol aufgekocht: *A* und *B* blassgelb. Da keine Farbenwandlung eintritt, so Zusatz von 5 Tropf. *Ol. Citronell.* Es färbt sich *B* sofort dunkler und ist im Verlaufe einer Minute dunkel blauviolett, *A* gelb. Da diese Farbendifferenz noch Stunden hindurch andauert, so ist auch jede Fälschung mit Terpentinöl ausgeschlossen und auch dieses Sassafrasöl ein rein adiaphorisches.

III. *Ol. Sassafras.* Harz mit 15 Tropf. Spirit. absol., Oel und Benzol aufgekocht: *A* und *B* gelb. Nach Zusatz von 6 Tropf. *Ol. Citronell.* und Aufkochen: *A* braungelb mit nur schwachem violettem Tone, *B* dunkel blauviolett, welche Farbendifferenz noch eine halbe Stunde andauert.

Hiernach muss die Abwesenheit des Terpentinöls angenommen werden.

IV. *Ol. Sassafras.* Harz mit Oel aufgekocht: *A* und *B* gelb und ziemlich klar. Erkaltet ist *A* kaum trübe, *B* aber etwas trübe und daher gelblich. Mit Chloroform versetzt *A* kaum trübe, gelb, *B* trübe, gelb. Aufgekocht *A* und *B* klar und gelb. Erkaltet mit 3 Tropf. *Ol. Citronell.* versetzt und erwärmt. Bei 40° nimmt *B* schon violetten Ton an und bei 60° ist *B* kräftig rothviolett, aus dem Wasserbade entfernt dunkler werdend, während *A* immer noch rein gelbe Farbe zeigt. Diese Differenz dauert über Tag und Nacht.

Dieses Oel ist bei solcher dauernden Farbendifferenz als völlig frei von Terpentinöl anzusehen.

I. *Oleum Saturējae* (Wurstkrautöl). Harz mit 16 Tropf. Spirit. absol. aufgekocht. Erkaltet mit Oel und Chloroform versetzt und aufgekocht: *A* und *B* klar und gelb, erkaltet trübe gelblich. Nun 2 Tropf. *Ol. Citronell.* zugesetzt und aufgekocht: keine Veränderung. Beiseite gestellt ist nach einer halben Stunde *A* trübe gelblich, *B* bräunlich roth, also eine Farbendifferenz liegt vor. Nochmals aufgekocht: *A* gelblich klar, *B* gelbbraun. Wieder 1 Tropf. *Ol. Citronell.* zugesetzt bleibt *A* gelblich, *B* aber wird dunkler gelbbraun. Nach 4 Stunden ist *A* immer noch blassgelb, *B* aber braungelb. Nochmals nach dem Aufkochen mit 2 Tropf. des *Ol. Citronell.* versetzt und wieder aufgekocht zeigt *A* gelbliche, *B* aber braunviolette Farbe. Das Oel ist also frei von Terpentinöl und ein adiaphorisches.

II. *Ol. Saturejae* (neue Waare). Harz mit 15 Tropfen Spirit. absol. aufgekocht, nach dem Erkalten mit Oel versetzt und aufgekocht: *A* und *B* klar und kräftig gelb. Nun Benzol und 6 Tropf. *Ol. Citronell.* zugesetzt und erwärmt. Bei 65° C. nimmt *B* dunkleren Ton an und bei 70° ist es dunkel zimmtbraun mit violettem Schimmer, *A* aber gelb. Beim Aufkochen bleibt *A* gelb, *B* wird nun eine Spur heller an Farbe. Beiseite gestellt wird *B* nach und nach heller an Farbe.

Diese Differenz der Färbung lässt die Abwesenheit des Terpentinöls mit aller Sicherheit erkennen.

III. *Ol. Saturejae.* Harz mit 15 Tropf. Spirit. absol. aufgekocht, mit Oel versetzt und aufgekocht: *A* und *B* dunkelgelb. Nach einer Minute der erkalteten Flüssigkeit Benzol und 10 Tropf. *Ol. Citronell.* zugesetzt erfolgt sofort bei *B* dunklere Färbung, schon in der ersten Minute in Dunkelbraunrothviolett übergehend, *A* schön gelb, jedoch nicht dunkelgelb. Diese Farbendifferenz dauert Stunden hindurch.

Auch dieses Oel ist frei von Terpentinöl, denn die Farbendifferenz ist eine äusserst bedeutende. Diese drei Saturejaöle erwiesen sich als rein adiaphorische Oele.

I. *Oleum Serpylli* (Quendelöl). Harz mit 15 Tropf. Spirit. absol. aufgekocht, dann mit Oel versetzt und aufgekocht: *A* und *B* gelb. Nach Zusatz von Chloroform und Aufkochen *A* und *B* gelb. Nach Zusatz von 3 Tropf. *Ol. Calami normale* und Aufkochen zeigen sich *A* und *B* gelb, aber *B* setzt sofort dunklen Ton an, in Violett übergehend. Nach 2 Minuten *A* gelb, *B* rothviolett. Nochmals aufgekocht *A* gelb mit röthlichem Schimmer, *B* dunkel violettroth. Diese Farbendifferenz lässt mit aller Sicherheit die Abwesenheit des Terpentinöls erkennen.

II. *Ol. Serpylli.* Harz wurde mit Oel aufgekocht, im Uebrigen wie vorstehend verfahren. Der Schluss war nach wiederholtem Aufkochen *A* gelb, *B* dunkel blauviolett.

Diese Differenzen der Färbung bewiesen die Abwesenheit des Terpentinöls im Quendelöle. Sowohl das sub I erwähnte als auch das vorliegende Quendelöl erwiesen sich rein adiaphorisch.

III. *Ol. Serpylli.* Harz mit 15 Tropf. Spirit. absol. aufgekocht, dann mit Oel und Benzol versetzt und aufgekocht: *A* und *B* blassgelb. Erkaltet mit 5 Tropf. *Ol. Citronell.* versetzt und erwärmt, bei 50—55° C. *A* und *B* schön blauviolett. Dieses Verhalten deutet auf Terpentinöl.

a) Harz mit 10 Tropfen Spirit. absol., Oel und Amylalkohol in den Cylinder gegeben und aufgekocht: *A* und *B* blassgelb und ziemlich klar. Erkaltet mit 2 Tropf. *Ol. Citronell.* versetzt und erwärmt. Bei 50° nehmen *A* und *B* Färbung an und bei 60° ist *A* blass röthlich violett, *B* etwas kräftiger röthlich violett. Nach $\frac{1}{2}$ Minute *A* und *B* blauviolett.

Diese Uebereinstimmung der Färbungen, welche auf Terpentinöl deutet, nöthigt zu einem zweiten Versuche unter Vermeidung der Kochung des Oels.

b) Harz mit 20 Tropfen Spirit. absol. aufgekocht und erkaltet mit Oel, Benzol und 5 Tropf. *Ol. Citronell.* versetzt:

A und *B* hellgelb, *B* nimmt aber sofort violetten Ton an und ist in 2 Minuten kräftig blauviolett. In der 2. Minute zeigt auch *A* Wandlung der Farbe und ist in der 5. Minute rothviolett, während *B* dunkel blauviolett erscheint. *A* geht in Blauviolett über und kann schon in der 7. Minute als dunkelblauviolett bezeichnet werden.

Dass hier eine Verfälschung mit mindestens 10 Proc. Terpentinöl vorliegt, unterliegt keinem Zweifel.

Um Sicherheit im Urtheil zu erlangen, diene noch folgende Probe:

c) Harz mit 20 Tropf. Spirit. absol. aufgekocht und erkaltet mit Oel und Petrolbenzin versetzt. Nach dem Aufkochen *A* und *B* trübe und gelb. Nun mit 10 Tropf. *Ol. Citronell.* versetzt und beiseite gestellt tritt alsbald Wandlung in der Farbe ein, indem *A* und *B* dunkler werden, in der 2. Minute zeigen *A* und *B* dunkel braunviolette Farbe, *B* etwas stärker violett als *A*. Nach der 3. Minute sind beide gleich dunkel braunviolett.

Ein Terpentinölgehalt liegt also vor und zwar ein ziemlich starker, etwa 10—15 procentiger.

I. *Oleum Sinapis* (Senföl). Harz, Oel, 15 Tropf. absol. Weingeist und Chloroform in den Cylinder gegeben. Harz löst sich sofort und die Mischung ist gelb und klar, so auch nach gelindem Aufkochen. Erkaltet mit 5 Tropf. *Ol. Citronell.* versetzt und erwärmt beginnt *B* bei 50^0 Farbe zu verändern, violetten Ton anzunehmen und bei $55—60^0$ zeigt es sich vorwiegend violett. Aus dem Wasserbade entfernt nimmt das Violett so zu, dass es in einer Minute dunkelblauviolett und undurchsichtig ist. *A* ist gelb und ziemlich klar oder wenig trübe. Diese Farbendifferenz ist andauernd und zeigt die Abwesenheit des Terpentinöls an.

II. *Ol. Sinapis* (aus Russland, 5 Proc. Schwefelkohlenstoff enthaltend). Harz mit 15 Tropf. Spirit. absol., Oel und Benzol versetzt und aufgekocht. Keine Veränderung: *A* und *B* gelb und klar. Erkaltet mit 5 Tropf. *Ol. Citronell.* versetzt und erwärmt. Bei 55^0 tritt bei *B* violetter Ton ein und nun aus dem Wasserbade entfernt zeigt *B* nach Verlauf einer Minute dunkles Violett und in der 2. Minute dunkles Blauviolett. Der Schwefelkohlenstoffgehalt übt also keinen Einfluss auf die Reaction aus und diese zeigt nur an, dass Terpentinöl abwesend ist.

III. *Ol. Sinapis* (deutschen Ursprunges). Harz mit 10 Tropf. Spirit. absol. aufgekocht, erkaltet mit Oel und Chloroform versetzt und aufgekocht: *A* und *B* hellgelb, wenig trübe. Erkaltet mit 5 Tropf. *Ol. Citronell.* versetzt: *B* nimmt kräftigeren Farbenton an und nach einer Minute macht sich grünliches, dann bläuliches Violett bemerkbar. In der 2. Minute ist kräftiges Violett vorhanden und in der 3. Minute zeigt *B* dunkles Blauviolett. *A* ist immer noch hellgelb. Diese Farbendifferenz ist ebenfalls eine andauernde.

Hier war also nicht einmal ein Erwärmen nothwendig. Aus dieser Probe ergiebt sich ebenfalls die Abwesenheit des Terpentinöls und dass Senföl ein rein adiaphorisches Oel ist.

IV. *Ol. Sinapis artificiale.* Harz mit 15 Tropf. Spirit. absol. aufgekocht und erkaltet mit Oel und Benzol versetzt. Aufgekocht *A* und *B* kräftig gelb und trübe. Erkaltet mit 5 Tropf. *Ol. Citronell.* versetzt: *A* und *B* röthlich gelb. Erwärmt tritt bei 50—55° C. bei *B* kräftiges Roth ein, welches nach Entfernung der Cylinder aus dem Wasserbade rasch an Intensität zunimmt und durch Rothbraunviolett in Blauviolett übergeht. *A* ist und bleibt röthlich gelb. Auch diese Farbendifferenz bleibt Stunden hindurch bestehen. Somit ist auch dieses Oel frei von Terpentinöl und ein adiaphorisches.

I. *Oleum Spicae* (Spiköl). Harz mit Oel erhitzt: *A* gelb, *B* violett. Nach Chloroformzusatz *A* gelb, *B* dunkelviolett. Aufgekocht dasselbe Resultat. Nach einer Stunde *A* gelb, *B* kräftig roth.

Das Spiköl ist sonach von Terpentinöl frei und ein stimulatorisches Oel.

II. *Ol. Spicae* (neue Waare). Harz mit 15 Tropf. Spirit. absol. aufgekocht, erkaltet mit Oel und Amylalkohol ge-

mischt und schwach aufgekocht: *A* gelb, *B* dunkelblauviolett, welche Farbendifferenz andauert.

Auch dieses Oel ist von Terpentinöl frei.

III. *Ol. Spicae* (altes). Harz mit 15 Tropf. Spirit. absol.,
Oel und Benzol schäumend aufgekocht: *A* gelb, *B* dunkelviolett, schnell in Blauviolett übergehend, welche Farbendifferenz andauert.

Dieses Spiköl ist sonach frei von Terpentinöl. Es gehört nach den gewonnenen Resultaten zu den mässig stimulatorischen Oelen.

I. *Oleum Succini rectificat.* (Bernsteinöl, bräunlich). Harz
mit Oel aufgekocht: *A* und *B* trübe gelb. Noch warm mit
Chloroform versetzt, *A* und *B* klar und kräftig gelb. Aufgekocht: keine Veränderung, erkaltet trübe. Nach Zusatz
von 2 Tropf. *Ol. Calami normale* und aufgekocht: *A* gelb
und klar, *B* sofort dunkel werdend, schon nach 2 Minuten
dunkelbraunroth mit violettem Schimmer.

a) Harz mit 10 Tropf. Spirit. absol. aufgekocht, mit Oel
und Benzol versetzt und aufgekocht: *A* und *B* gelb, wenig
trübe. Erkaltet mit 6 Tropf. *Ol. Citronell.* versetzt und erhitzt. Bei 80⁰ ist *B* nur kräftiger gelb. Aufgekocht ist *A*
gelb, *B* dunkelbraunrothviolett.

Aus diesen Farbendifferenzen ergiebt sich, dass das
Bernsteinöl frei von Terpentinöl ist.

II. *Ol. Succini (crud.)*. Harz mit 20 Tropf. Spirit. absol.,
Oel und Benzol aufgekocht: *A* und *B* goldgelb. Nach
Zusatz von 4 Tropf. *Ol. Citronell.* und Aufkochen: *A* gold-
gelb, *B* dunkelrothviolett. Diese Farbendifferenz dauert
Stunden hindurch.

Mit diesem Resultat ergiebt sich mit aller Sicherheit
die Abwesenheit des Terpentinöls und dass Bernsteinöl ein
adiaphorisches Oel ist.

I. *Oleum Tanacēti* (Rainfarnöl, altes). Harz mit Oel
aufgekocht: *A* und *B* gelb, ziemlich klar. Nach Zusatz
von Chloroform und Aufkochen *A* und *B* gelb. Erkaltet
mit 2 Tropf. *Ol. Calami normale* versetzt, stellt sich im Ver-

laufe von 5 Minuten keine Veränderung ein, wesshalb noch 1 Tropf. *Ol. Calami* zugesetzt wird. *A* bleibt gelb, *B* beginnt Farbe zu wechseln, anfangs dunkler werdend. Nach 4 Minuten tritt bei *A* Aehnliches ein. Nach 15 Minuten *A* und *B* violett, *A* nur durchsichtig, *B* etwas dunkler und undurchsichtig.

Ob hier eine Verfälschung mit Terpentinöl vorliegt, oder ob es eine Eigenthümlichkeit des Tanacetöls ist, sich stark terpentinölartig oder ozonoprothym zu verhalten, werden weitere Versuche feststellen.

a) Oel, Harz und Chloroform kalt gemischt und aufgekocht: *A* und *B* gelb. Beiseite gestellt zeigen nach drei Stunden *A* und *B* eine violette Niveauschicht und violette Wolken in gelber Flüssigkeit. Geschüttelt nach 10 Minuten *A* und *B* gelb. Auf Zusatz von 2 Tropf. *Ol. Calami normal.* trat bei *A* und *B* sofort violette Färbung, vom Niveau ausgehend nach unten ein und in Zeit von wenigen Minuten *A* und *B* violett.

Alle Versuche schlossen mit einer Uebereinstimmung der Farben in *A* und *B*, so dass ein Terpentinölgehalt angenommen werden musste.

II. *Ol. Tanaceti* (neu). Harz mit 10 Tropf. absol. Weingeist aufgekocht, dann mit Oel, Chloroform und 2 Tropf. *Ol. Citronell.* versetzt und erwärmt. Bei 50⁰ trat Violettfärbung ein, in *A* aber stärker als in *B*.

a) Harz mit 10 Tropf. absol. Weingeist aufgekocht, dann Oel und Benzol nebst 5 Tropf. *Ol. Macidis* und einen Tropfen *Ol. Citronell.* dazugegeben. Aufkochen änderte an der gelben Farbe nichts. Nun wurde noch ein Tropfen *Ol. Citronell.* zugesetzt und aufgekocht. *A* und *B* nahmen sofort violette Färbung an, welche bei *A* stärker hervortrat als bei *B*. Nun musste ein anderer Weg eingeschlagen werden.

Um dieses auffallende Verhalten, die dunklere Färbung in *A*, zu beeinträchtigen, wurde wiederum zu einem antiozonoprothymen Oele, dem *Ol. Macidis,* gegriffen.

b) Harz mit 10 Tropf. absol. Weingeist aufgekocht, dann mit Oel und Amylalkohol, und nach dem Aufkochen und Erkalten mit 5 Tropf. *Ol. Macidis* und 2 Tropf. *Ol. Citronell.* versetzt: *A* und *B* gelb. Nach 40 Minuten ist *A* gelb und *B* mässig violettblau. Nach 12 Stunden *A* gelbgrün, *B* blaugrün. Nun 2 Tropf. *Ol. Citronell.* zugesetzt, werden die Farben etwas kräftiger. Nach einer halben Stunde ist im durchfallenden Lichte *A* kräftig grasgrün, *B* grünlichblau. Nach 5 Stunden dieselbe Farbe. Eine halbe Minute aufgekocht *A* dunkelgrasgrün, *B* grünlichgelb. Nochmals aufgekocht *A* gelbgrün, *B* gelb. Noch heiss mit zwei Tropfen *Ol. Citronell.* versetzt *A* violettblau, *B* dunkelgrün. Aufgekocht *A* und *B* grüngelb.

Dieses sonderbare Verhalten deutet doch wohl auf eine Eigenthümlichkeit des Oeles, welche von dem gewöhnlichen Verhalten der Oele abweicht. Man kann auf Grund solcher Farbendifferenzen mit Recht auf die Abwesenheit von Terpentinöl schliessen. Um nun einige Sicherheit für diese Annahme zu gewinnen, mag zur Beihilfe des Petrolbenzins als Verdünnungsmittel geschritten werden.

c) Harz mit Oel sanft aufgekocht: *A* gelb, *B* mässig violett, dann alsbald dunkler rothviolett. Also schon hier im Anfange der Reaction eine bedeutende Farbendifferenz! Nun Petrolbenzin und 20 Tropf. Spirit. absol. dazugegeben und aufgekocht: *A* und *B* wenig trübe und gelb. Nach dem Erkalten mit 15 Tropfen *Ol. Citronell.* versetzt, gut agitirt und beiseite gestellt.

Im Verlaufe einer halben Stunde hat *B* violetten Ton angenommen, *A* ist blassgelb geblieben. Nach 2 Stunden ist *B* hellgrün, *A* blassgelb. Nun aufgekocht ist *A* blassgelb, legt aber sehr schwachen violetten Schimmer ein, dagegen ist *B* kräftig blaugrün.

Nach 12 Stunden war *A* blassgelb, *B* gelb mit grünlichem Schimmer. Da das Harz völlig gelöst war, setzte ich nochmals 0,1 g Harz zu und kochte auf. Sofort nach dem Kochen erscheint *A* gelb, *B* kräftig violett. Wieder aufgekocht: dasselbe Resultat, *A* wurde nur kräftiger gelb, von Oben betrachtet schwachen violetten Schimmer zeigend, *B* dunkelviolett,

Somit. lieferte dieser Reactionsmodus so viele Differenzen in der Färbung, dass mit aller Sicherheit eine Fälschung mit Terpentinöl verneint werden musste.

d) Die doppelte Portion Harz mit 25 Tropfen Spirit. absolut. aufgekocht und erkaltet mit 1 ccm Oel versetzt aufgekocht: *A* und *B* gelb und klar. Da während des Erkaltens keine Reaction eintritt, werden Petrolbenzin und 10 Tropf. *Ol. Citronell.* zugesetzt, dann aufgekocht. Während des Kochens bleibt *A* gelb und *B* wird dunkelviolett. Nach der Kochung hat *A* Rothgelb angenommen, *B* ist dunkelviolett.

Die Reaction unter Beihilfe von Petrolbenzin ist also beim Tanacetöl am passendsten, um eine starke Differenz der Färbung zu erreichen.

III. *Ol. Tanaceti* (neu). Harz mit Oel aufgekocht: *A* grünlich, *B* gelb. Nach Zusatz von 15 Tropfen Spirit. absol. tritt in *B* violetter Ton ein, welcher aber bald schwindet, *A* ist gelb. Nach Zusatz von Benzol und Aufkochen zeigt *A* grünliches Gelb, *B* violette Farbe, welche beiden Farben während des Erkaltens erblassen, so dass *A* gelb, *B* blassviolett erscheinen. Nun nochmals aufgekocht wird *A* kräftig grasgrün, *B* blauviolett.

Diese Differenzen der Farben dürften genügender Beweis für die Abwesenheit des Terpentinöls sein, doch noch ein anderer Reactionsweg:

a) Harz mit 20 Tropfen Spirit. absol. aufgekocht, erkaltet mit Oel, Benzol und 3 Tropfen *Ol. Spicae* versetzt: *A* und *B* hellgelb. Beim Aufkochen nimmt *B* violetten Ton an und ist nach einer Minute kräftig violett, während *A* gelb ist und nur einen schwachen violetten Schimmer zeigt. Nochmals aufgekocht wird das Violett in *A* und *B* intensiver, *A* lässt aber im durchfallenden Lichte gelben Ton erkennen.

Diese Reaction steht der ersteren gegenüber sehr zurück. Wurden 3 Tropfen *Ol. Citronell.* zugesetzt und aufgekocht, so zeigte nach 5 Minuten *A* röthliches Violett, *B* kräftiges Blau. Nach Verlauf einer halben Stunde zeigt *A* bräunliches Gelb, *B* kräftiges Braun.

Diese Farbendifferenzen genügen ebenfalls, um die Abwesenheit des Terpentinöls zu erkennen.

IV. *Ol. Tanaceti* (neue Waare). Harz mit 10 Tropfen Spirit. absol. aufgekocht und erkaltet mit Oel, Amylalkohol, 5 Tropfen *Ol. Macidis* und 3 Tropfen *Ol. Citronellae* versetzt: *A* und *B* schwach gelb und wenig trübe. Nach 5 Stunden bräunlichgelb. Aufgekocht *A* und *B* dunkel violettbraun. Weitere Vornahmen ergaben in den Färbungen keine Differenz.

a) Harz und 1 ccm Oel mit 1 ccm *Ol. Santali occidentale* versetzt und aufgekocht. Während des Erhitzens gehen *A* und *B* durch Violett in Gelb über und von der Flamme entfernt und agitirt folgen sich Violett- und Gelbwerden, doch in *B* war das Violett stets etwas dauernder. Nach 5 Minuten ist *A* gelbgrünlich, *B* mehr bläulichgrün. Nun mit Amylalkohol (1 ccm) versetzt. Aufgekocht gehen *A* und *B* durch Violett in Gelb über, um von der Flamme entfernt und noch heiss während einer Agitation violetten Ton anzunehmen und in der Ruhe wieder gelbgrünlichen Farbenton zu zeigen, dann aber olivengrün zu bleiben.

Nun erkaltet mit 3 Tropfen *Ol. Citronell.* versetzt und beiseite gestellt. Nach 5 Stunden *A* und *B* bernsteingelb. Beim Aufkochen gehen *A* und *B* durch Violett in Bernsteingelb über. Weitere Vornahmen ergaben keine Differenzen.

b) Harz mit Spirit. absol., Oel, Benzol und 4 Tropfen *Ol. Spicae* aufgekocht: *A* gelb, *B* violett. *A* geht durch gelb, dann violett schnell in Goldgelb über, während das Violett von *B* sich in Rothbraun verwandelt. Nochmals aufgekocht, tritt eine ziemlich ähnliche Wandlung in *A* und *B* ein, und in 3 Minuten zeigt *B* dunkles Violett, *A* kräftiges Gelbbraun, welche Differenz noch 40 Minuten andauert.

Diese Differenzen genügen, die Abwesenheit des Terpentinöls anzunehmen. Nun noch eine andere Vornahme:

c) Harz mit Oel aufgekocht: *A* gelb und klar, *B* trübe

und violett. Hiermit wäre also schon die Abwesenheit des Terpentinöls erkannt. Nun Zusatz von Benzol: *A* und *B* gelb und trübe, aufgekocht keine Veränderung, *A* und *B* gelb und vorübergehend klar. Nach Zusatz von 6 Tropfen *Ol. Spicae* und Erhitzen zum Aufkochen bleibt *A* gelb, *B* geht aber durch Violett in dunkles Gelb über. Nun erkaltet mit 15 Tropfen Spirit. absol. und 5 Tropfen *Ol. Citronell.* versetzt, bleiben *A* und *B* braungelb, *B* etwas dunkler, und beim Aufkochen gehen beide in Violett über, *B* dunkler als *A*. Nach einer halben Stunde ist *A* gelbrothbraun, *B* violett mit blauem Tone.

Aus der Reaction sub b und aus dem ersten und letzten Verhalten der Reaction sub c kann die Abwesenheit des Terpentinöls mit aller Sicherheit angenommen werden.

V. *Ol. Tanaceti* (neu). 0,2 g Harz mit dem Oele (1 ccm) gekocht: *A* und *B* gelb. Nach Zusatz von 20 Tropf. Spirit. absol. und Benzol (1 ccm): *A* und *B* gelb, auch nach dem Aufkochen. Erkaltet mit 5 Tropf. *Ol. Citronell.* versetzt und beiseite gestellt. Nach 15 Minuten ist *B* kräftig blutroth, *A* gelb mit schwachem röthlichem Schimmer. Diese Farbendifferenz ist noch nach weiteren 15 Minuten vorhanden, nur *B* ist dunkelblutroth geworden. Nun aufgekocht und mit 1 ccm Benzol verdünnt: *A* gelbroth, *B* tief dunkelblauviolett.

Diese Farbendifferenzen lassen die Abwesenheit des Terpentinöls mit aller Gewissheit annehmen.

a) Harz mit 20 Tropf. Spirit. absol., Oel, Benzol und 3 Tropf. *Ol. Spicae* schäumend aufgekocht und dann beiseite gestellt: *A* und *B* gelb, *B* nimmt aber röthlichen Ton an. Da im Verlaufe von 10 Minuten das Roth in *B* nicht intensiver wird, so nochmaliges Aufkochen, aber ohne Erfolg, daher nach dem Erkalten Zusatz von 5 Tropf. *Ol. Citronell.* Nach Verlauf von 2 Minuten ist *B* dunkelrothviolett, *A* rothgelb im durchfallenden Lichte und nach Verlauf einer halben Stunde ist *A* gelb mit schwach röthlichem Schimmer, *B* tief dunkelblutroth, welche Färbung in 15 Minuten in Dunkelrothviolett übergeht. Nach einer Stunde ist A bräunlich-gelb, B dunkelviolett.

Aus diesen Reactionen wird man zu der Annahme geführt, dass hier keine Verfälschung mit Terpentinöl vorliegt.

VI. *Ol. Tanaceti* (neue Waare). Harz mit 15 Tropf. Spirit. absol., Oel und Benzol aufgekocht: A und B hellgelb. Da keine Farbenwandlung eintritt, so Zusatz von 1 Tropf. *Ol. Citronell.* und Aufkochen: Keine Farbenwandlung. Nun Zusatz von 2 Tropf. *Ol. Citronell.* zur heissen Flüssigkeit. Sofort nehmen A und B violetten Ton an, welcher schnell in Dunkelrothviolett übergeht. Nun mit 1 ccm Benzol verdünnt und beiseite gestellt. Nach 12 Stunden zeigen A und B ein gleiches intensives Violett.

Hiernach wäre eine Verfälschung mit Terpentinöl anzunehmen, doch eine modificirte Reaction unter Anwendung eines milderen Stimulans:

a) Harz mit Oel aufgekocht: A und B gelb, Harz gelöst. Nun Zusatz von Benzol und 4 Tropf. *Ol. Spicae* und auf 60^0 erwärmt: A gelb, B violett, mehr himbeerroth, dunkler werdend. Diese Differenz dauert auch noch weiterhin. Nach einer Stunde wurden 15 Tropf. Spirit. absol. dazugemischt, um klare Flüssigkeiten zu erlangen, und A war gelb mit sehr schwachem violettem Schimmer, B schön blau. Nach einer zweiten Stunde gleiche Differenz, nur A hatte schwaches röthliches Violett angenommen.

Diese Differenzen lassen erkennen, dass es ein Unterschied ist, ob man den absoluten Weingeist gleich anfangs oder später zusetzt, ob man mit dem stimulatorischen Oel aufkocht oder nicht aufkocht.

Das Oel ist nach der vorstehenden Reaction sub a sicher als frei von Terpentinöl anzunehmen.

Die Tanacetöle scheinen sämmtlich ozonoprothyme Oele zu sein, wesshalb bei Ausführung der Guajakreaction eine Kochung des Oeles möglichst zu meiden ist.

Oleum Terebinthinae Gallicum (Terpentinöl). Die Erkennung dieses Oels ist eine sehr leichte. Man gebe in einen

Reagircylinder etwa 0,13 g des frisch gepulverten Guajak-harzes und koche mit 15—20 Tropf. Spirit. absol. auf, dann setze man 1 ccm des Oels hinzu und koche auf. Die Flüssigkeit ist blass gelblich. Setzt man nun dieser Flüssigkeit etwa 5—10 Tropf. *Ol. Citronell.* von stark stimulatorischer Kraft hinzu, so wird jeder in der warmen Flüssigkeit niedersinkende Tropfen sofort blaue Färbung annehmen und nach dem Schütteln, oder auch nach dem Aufkochen eine dunkelblaue Flüssigkeit entstehen.

Altes Terpentinöl wirkt oft zugleich stimulatorisch und erfordert dann zu seinem Nachweise keinen Zusatz eines stimulatorischen Oels. Wird in Stelle des Citronellöls ein schwach stimulatorisches Oel, z. B. *Ol. Spicae*, angewendet, so ist auch ein Erhitzen bis zum Aufkochen erforderlich.

I. *Oleum Thymi* (Thymianöl). Harz mit Oel erhitzt: *A* gelbbraun, *B* sofort violett. Mit Chloroform gemischt *A* gelb, *B* dunkel violettblau, auch noch nach einer Stunde.

Das Oel war also frei von Terpentinöl und von stimulatorischer Wirkung.

II. *Ol. Thymi* (braun). Harz, Oel und Chloroform in den Cylinder gegeben und schwach zum Aufkochen erhitzt: *A* gelb, *B* dunkel blauviolett, welche Färbung stundenlang dauert.

a) Harz mit 10 Tropf. Spirit. absol. aufgekocht, erkaltet mit Oel und Petrolbenzin gemischt: *A* und *B* gelbbräunlich trübe. Aufgekocht *A* unverändert, *B* dunkel braunviolett.

Diese Farbendifferenzen lassen die Abwesenheit des Terpentinöls mit aller Sicherheit annehmen.

III. *Ol. Thymi album*. Harz mit Oel aufgekocht: *A* und *B* trübe gelblich. Nun Benzol zugesetzt und aufgekocht *A* und *B* trübe gelblich. Erkaltet mit 2 Tropf. *Ol. Citronell.* versetzt, nimmt nach 1 Minute *B* violetten Ton an, welcher schon nach 2 Minuten hell violettblau ist. In der 3. Minute nimmt auch *A* bläulichen Ton an und wird schnell hell röthlich blau, während *B* kräftig blau erscheint. Auf

60^0 erwärmt sind A und B dunkelviolett, A hat nur schwächeren und mehr röthlichen Ton.

Dieses Verhalten erweckt Verdacht einer Verfälschung mit Terpentinöl, weshalb noch weitere Versuche nöthig sind.

a) Harz mit 10 Tropf. Spirit. absol. aufgekocht, dann mit Oel, Amylalkohol und 1 Tropf. *Ol. Citronell.* versetzt und beiseitegestellt: A und B gelb. Da nach einer halben Stunde keine Veränderung eingetreten ist, wird erwärmt. Bei 40^0 zeigt B Neigung zur Farbenveränderung und bei 50^0 ist A im durchfallenden Lichte gelb, B dunkler, grünlich mit violettem Tone. Bei 65^0 ist B im durchfallenden Lichte violett, blau vorwaltend, A mehr braun und heller an Farbe. Aufgekocht ist B dunkel blauviolett, A dunkel braunviolett. Nach Zusatz von 10 Tropf. *Ol. Macidis* tritt hellere Farbe ein, A und B braunviolett, B mit etwas stärkerem blauem Schimmer. Erkaltend werden A und B heller an Farbe und in 20 Minuten sind A und B gleich bräunlich gelb, etwas trübe. Wieder aufgekocht wird A schwach bräunlich violett, B blauviolett, der Flamme entrückt aber A und B sofort braun, nur A heller an Farbe, nach und nach A und B überhaupt heller werdend. Nach Zusatz von 5 Tropfen *Ol. Santal. occident.* und Aufkochen A und B stark violett, B nur etwas dunkler, erkaltend wieder heller und braun werdend.

Eine genügende Differenz der Farben kann nicht erreicht werden, weshalb noch folgender Versuch angestellt wird.

b) Harz mit 10 Tropf. Spirit. absol. aufgekocht, erkaltet mit Oel und Petrolbenzin gemischt: A und B gelb und milchig trübe, auch nach dem Aufkochen. Erkaltet mit 5 Tropfen *Ol. Citronell.* versetzt und beiseite gestellt. In der 5. Minute zeigt B Farbenwechsel an, in der 8. Minute ist B dunkelviolett, A gelb. In der 20. Minute ist B sehr dunkelviolett, A gelb mit entferntem röthlichen Schimmer, kaum etwas dunkler geworden. In der 25. Minute zeigt A violetten, jedoch nur blassvioletten Ton, allmählich kräftiger werdend. Nach 30 Minuten ist A kräftig oder dunkelrosenroth, *B* allerdings höchst dunkelblauviolett. Aufgekocht ist *A* dunkelrothviolett, alsbald in Blauviolett übergehend.

Diese Reactionen deuten in Rücksicht auf die Oele sub I und II sicher auf einen Terpentinölgehalt von nur geringem Umfange, der sich etwa auf 3—4 pCt. taxiren lässt.

III. *Ol. Thymi rubrum.* Harz mit 15 Tropf. Spirit. absol., Oel und Benzol aufgekocht: *A* und *B* gelb. Erkaltet mit 5 Tropf. *Ol. Citronell.* versetzt, *B* färbt sich sofort kräftig roth und geht im Verlaufe einer halben Minute in dunkles Violett über, während *A* seine hellgelbe Farbe wahrt. Enthielte das Oel Terpentinöl, wenn auch nur eine Spur, so müsste wenigstens in der zweiten Minute Farbenwandlung in *A* vor sich gehen. Nun bleibt *A* sogar über 12 Stunden hindurch gelb, folglich ist dieses Thymianöl frei von Terpentinöl. Dieses Thymianöl ist nicht stimulatorisch, sondern nur adiaphorisch.

IV. *Ol. Thymi album* s. *rectif.* Ebenso wie sub III vorgegangen. Nach der Kochung *A* und *B* blassgelb. Erkaltet mit 5 Tropfen *Ol. Citronell.* versetzt. Da nun keine scharfe Farbenwandlung alsbald eintritt, so noch ein Zusatz von 3 Tropfen des Citronellöls und sofort färbt sich *B* im Verlaufe einer Minute kräftig violett und in der zweiten Minute ist es schon dunkelviolett, *A* noch gelb, wenn auch mit violettem Schimmer, welcher erst in der 10. Minute das Gelb verdrängt. Wäre Terpentinöl bis zu 6 pCt. gegenwärtig, so hätte die letztere Wandlung schon in der 5. Min. vor sich gehen müssen. Im Vergleich zur Reaction sub III kann nur eine geringe Menge, etwa 2 pCt., Terpentinöl in dem Thymianöle angenommen werden, denn nach 15 Minuten erst sind sich *A* und *B* in der dunklen Färbung gleich. Nach 12 stündigem Stehen sind *A* und *B* von gleicher Intensität und gleichem Farbentone. Nun wollen wir eine Reaction ohne Kochung des Oels versuchen.

a) Harz mit 20 Tropf. Spirit. absol. aufgekocht und erkaltet mit Oel, Benzol und 5 Tropfen *Ol. Citronell.* versetzt. Sofort nimmt *B* violetten Ton an und ist in Zeit von 2 Min.

kräftig violett, *A* gelb. Nach der 5. Min. erscheint *B* dunkel blauviolett, *A* immer noch gelb. Nach der 10. Minute zeigt *B* reines Dunkelblau, *A* gelbe Farbe mit röthlich violettem Schimmer. In der 20. Minute zeigt *A* rothviolette Färbung, doch nach Verdünnung mit 1,5 ccm Benzol erscheint *A* hellrosa, in Hellviolett übergehend, *B* aber tief dunkelblau. Nach einer Stunde sind *A* und *B* blau, *A* aber nicht dunkelblau und im durchfallenden Lichte röthlichen Ton zeigend.

Mit dieser Farbendifferenz, wie sie in dieser Reaction wiederholt auftritt, kann man die Abwesenheit des Terpentinöls sehr wohl annehmen, wenn auch im Vergleich zu den Oelen sub I, II und III der Verdacht berechtigt wäre, dass ein geringer Gehalt an Terpentinöl, höchstens bis zu 3 pCt., gegenwärtig sein könne.

I. *Oleum Trachypogōnis citrati (Ol. Andropogonis, Ol. Gramĭnis Indici*, Lemongrasöl, Grass-Oil). Harz (0,13 g) mit Oel (1 ccm) zum Aufkochen erhitzt: *A* gelb, *B* nimmt sofort dunkelrothbraune Färbung an. Nach Zusatz von Chloroform (1 ccm): *A* gelb, *B* dunkelrothbraunviolett, sogar nach dem Aufkochen *B* fast tintenartig. Diese Farbendifferenz hat weiterhin Bestand.

Dieses Oel ist somit frei von Terpentinöl und ein stimulatorisches Oel.

II. *Ol. Trachypogon. citrati rectif.* Harz mit 15 Tropf. Spirit. absol., Oel und Benzol aufgekocht: *A* und *B* hellgelb. Da innerhalb einer halben Stunde keine Wandelung der Farbe eintritt, so Zusatz von 5 Tropf. *Ol. Citronell.*: *A* gelb, *B* sofort violettroth, in der 2. Minute violettblau. Nach 15 Minuten ist *B* tief dunkelblau, *A* gelb mit röthlichem Schimmer, welcher etwas zunimmt, ohne dass in der 30. Minute ein violettblauer Ton eintritt. In der 40. Minute ist *A* rosaroth.

Nach dieser Farbendifferenz zu urtheilen ist dieses Oel frei von Terpentinöl und ein adiaphorisches.

III. *Ol. Trachypogon. citr.* (alt). Harz mit 15 Tropf. Spirit. absol., Oel und Benzol aufgekocht: *A* und *B* gelb, nehmen aber sofort dunklen Ton an und *A* wird in einigen Minuten kräftig violett, *B* dunkelviolett, welche Farbenharmonie eine Stunde weiter anhält.

Hier liegt also eine Verfälschung mit Terpentinöl vor. Modificationen der Reaction ergaben stets in *A* und *B* gleiche Farbe.

Oleum Unonae odoratissimae (Ylang-Ylangöl). Harz mit 15 Tropf. Spirit. absol., Oel und B e n z o l aufgekocht: *A* und *B* hellgelb. Nun mit 4 Tropf. *Ol. Citronell.* versetzt und aufgekocht geht *B* sofort in Blauviolett über, während *A* einen leisen violetten Anflug annimmt, welcher an Stärke schnell zunimmt, im durchfallenden Lichte aber in erster Minute gelbe Farbe erkennen lässt, dann in Hellblau übergeht.

a) So wie vorher vorgegangen, aber nach Zusatz des *Ol. Citronell.* nicht aufgekocht, sondern nur bis 30° C. erwärmt: *A* gelb, *B* violett. Nach einer halben Stunde ist *A* noch gelb, nur mit schwachem violettem Schimmer behaftet, *B* blauviolett, aber noch durchsichtig. Nach einer Stunde ist *A* im durchfallenden Lichte immnr noch gelb, *B* etwas kräftiger blau.

Dieses Ylang-Ylangöl, welches mir aus Australien zugesendet wurde, dürfte sicher frei von Terpentinöl sein. Nach zwölfstündigem Stehen der Proben sub a wurden zwar stets übereinstimmende Färbungen in *A* und *B* erlangt, es dürften aber die zuvor sub a gewonnenen Differenzen der Farbe als die maassgebenden zu betrachten sein.

Nach den angegebenen Reactionen zu urtheilen gehört dieses Oel den schwachen Ozonoprothym-Oelen an.

Oleum Valerianae (Baldrianöl). Harz mit 15 Tropf. Spirit. absol., Oel und B e n z o l aufgekocht: *A* gelb, *B* violett und im Verlaufe von 5 Minuten tief dunkelblauviolett. Diese Farbendifferenz dauert Stunden hindurch.

Somit ist das Oel frei von Terpentinöl und ein stimulatorisches.

Oleum Verbēnae (Eisenkrautöl). Harz mit Oel aufgekocht:

A und *B* trübe, gelb. Auf Zusatz von Chloroform und nach dem Aufkochen *A* und *B* gelb. Eine halbe Stunde später Zusatz von 5 Tropfen *Ol. Citronell.* Da keine Farbenwandlung eintritt, so aufgekocht: *A* gelb, *B* dunkelblauviolett. In der ersten Minute setzt auch *A* violetten Ton an und am Ende der zweiten Minute ist *A* dunkelrothviolett, *B* dunkelblauviolett.

Dieses Reactionsresultat lässt auf eine Verfälschung mit Terpentinöl schliessen; daher eine weitere Reaction:

a) Harz mit 10 Tropfen Spirit. absol. aufgekocht, dann mit Oel und Benzol versetzt und aufgekocht: *A* und *B* gelb, ziemlich klar. Erkaltet mit 2 Tropfen *Ol. Citronellae* versetzt und erwärmt. Bei 60° setzt *B* einen entfernten violetten Ton an. Nun der Wärme entrückt, nimmt derselbe an Stärke zu und in zwei Minuten dunkles Rosa an, welches in der dritten und vierten Minute etwas kräftiger roth wird. *A* bleibt gelb. Nochmals 1 Minute hindurch der Wärme von 60° ausgesetzt ist *A* gelb, *B* kräftig rothviolett.

Nach dieser zweiten Reaction zu urtheilen, ist dieses Verbenaöl frei von Terpentinöl.

Oleum Vincae (Ol. Vincae minoris, Sinngrünöl). Harz mit 15 Tropfen Spirit. absol., Oel und Benzol aufgekocht: *A* und *B* blassgelb. Da ein Farbenwechsel nicht eintritt, so Zusatz von 4 Tropfen *Ol. Citronell.* und Aufkochen: *A* blassgelb und *B* dunkelrothviolett, welche Farbendifferenz weiter besteht.

Sonach ist dieses Oel frei von Terpentinöl.

I. *Oleum Vitis viniferae* (Weinbeeröl). Harz mit 15 Tropf. Spirit. absol., Oel und Benzol übergossen nimmt in *B* bläulichen Ton an. Aufgekocht: *A* hellgelb, *B* dunkelblauviolett, welche Farbendifferenz Bestand hat.

Dieses Oel ist also frei von Terpentinöl und ein stimulatorisches.

II. *Ol. Vitis vinif. rectificatum (album).* Wie sub I behandelt. Aufgekocht: *A* blassgelb, *B* nimmt während des

Kochens violetten Ton an, welcher allmählich zunimmt und nach zwei Minuten in kräftiges Rothviolett übergegangen ist.

Diese Farbendifferenz ist von Bestand, das Oel also frei von Terpentinöl.

Oleum Zingibĕris (Ingweröl). Harz mit Oel aufgekocht: *A* und *B* gelblich, erkaltend trübe. Nach Zusatz von B e n z o l *A* weniger trübe denn *B*. Aufgekocht: *A* und *B* mässig gelb. In der 3. Minute deutet *B* durch röthlichen Ton Farbenwechsel an. Wieder aufgekocht: *A* und *B* gelb. Erkaltet mit 2 Tropf. *Ol. Citronell.* versetzt und aufgekocht: *A* und *B* gelb, beide nehmen aber erkaltend violetten Schimmer an, *B* eine Spur mehr als *A*. Nach einer halben Stunde *A* und *B* grün mit violettem Schimmer, *B* etwas dunkler. Aufgekocht *A* und *B* klar und gelb. Mit 6 Tropf. *Ol. Macidis* versetzt und aufgekocht *A* und *B* gelb. Mit 5 Tropf. *Ol. Citronell.* versetzt und aufgekocht *A* und *B* goldgelb. Da keine Differenz zu erzielen ist, so folgende Versuche:

a) Harz mit 10 Tropf. Spirit. absol. aufgekocht, dann mit Oel und einem Tropf. *Ol. Citronellae* versetzt und aufgekocht: *A* und *B* gelb, *B* etwas kräftiger gelb. Mit C h l o r o f o r m versetzt und aufgekocht: *A* hellgelb, *B* gelb mit violettem Ansatz, also dunkler. Nach 10 Minuten wieder aufgekocht: *A* hellgelb, *B* braun. Nochmals aufgekocht *A* hellgelb, *B* kräftig braun mit Ansatz violetten Schimmers. Zum 4. Male aufgekocht dieselbe Farbendifferenz. Beiseite gestellt wird *B* immer dunkler, während *A* gelb bleibt.

Hiernach zu urtheilen liegt keine Verfälschung mit Terpentinöl vor.

b) Harz mit Oel, A m y l a l k o h o l und 1 Tropf. *Ol. Citronell.* aufgekocht. Während des Kochens geht *B* durch Violett in Gelb über, während *A* die gelbe Farbe nicht änderte. Erkaltend geht *B* alsbald in Gelbbraun über. Nochmals gekocht geht das Braun von *B* in Gelb über, so dass *A* und *B* gleich gelb sind. Noch warm mit 3 Tropf. *Ol. Citronell.* versetzt, wird *B* sofort tief dunkelbraun, *A* aber zeigt gelbe Färbung mit schwach bräunlichem Tone.

Die Reactionen sub a und b ergeben hinreichende Differenzen der Färbung, welche die Abwesenheit des Terpentinöls im Ingweröl mit Sicherheit annehmen lassen.

Nachweis des Terpentinöls in Flüssigkeiten, welche nicht den ätherischen Oelen zugezählt werden.

Wie man Terpentinöl erkennt, ist S. 147, 148 unter *Ol. Terebinthinae Gallicum* angegeben.

Dass man dieses Terpentinöl auch in Flüssigkeiten nachweisen kann, welche man nicht den ätherischen Oelen zuzählt, mit diesen aber eine gewisse Verwandtschaft beanspruchen, liegt nahe. Hier ist oft eine stärkere Verdünnung nothwendig, um dunkele Farben genau zu erkennen. Im Uebrigen ist das Verfahren ein gleiches, auch stets ein nicht über 2 Tage altes Pulver der *Resīna Guajāci natīva* zu verwenden.

In der Parallelprobe werden der Substanz ebenfalls auf 1 ccm etwa 4—5 Tropf. Terpentinöl zugesetzt. In manchen Fällen ist die Parallelprobe überflüssig, z. B. beim Copaivabalsam, welcher mit Guajakharz gekocht stets gelb bleibt. Wenn man dem Copaivabalsam Harz, absol. Weingeist und 3—5 Tropf. *Ol. Citronellae* zugesetzt hat, kocht man auf. Die Flüssigkeit muss gelb bleiben. Setzt man nun einige Tropfen Terpentinöl zu, so wird die gelbe Farbe sofort in Violett übergehen.

I. *Balsamum Copaivae Curazao*. Zu Pulver zerriebenes Guajakharz (eine kleine Messerspitze) mit 20—25 Tropf. Spirit. absol. und etwa 1 ccm des Balsams übergossen und aufgekocht. Es erfolgte eine rein gelbe klare Lösung, auch nach Zusatz eines ccm. Benzols. Nun setze man 5 Tropf. Citronellöl hinzu und koche wieder auf. Es tritt keine Farbenwandlung ein. Setzt man nun 5—6 Tropf. rectif. Terpentinöl hinzu, so tritt sofort violette Färbung ein, welche nach dem Aufkochen in Blau übergeht.

Dieser Balsam ist also frei von Terpentinöl.

II. *Bals. Copaivae Maracaïbo* verhält sich wie die Curazaosorte.

III. *Bals. Copaivae Angostura.* Diese Waare war jedenfalls mit Gurjunbalsam verfälscht, denn es löste sich dieser Balsam in absolutem Weingeist milchig trübe. Mit Guajakharz (frisch gepulvertem), Weingeist, Benzol und 5 Tropf. Citronellöl aufgekocht zeigte sich keine Farbenwandlung, folglich war dieser Balsam frei von Terpentinöl.

IV. Ein aus einer Apotheke entnommener Balsam verhielt sich normal, gab mit Spirit. absol. klare Lösung und mit Guajakharz aufgekocht eine klare gelbe Flüssigkeit, auch nach Zusatz von 10 Tropf. *Ol. Citronell.* und nochmaligem Aufkochen.

V. *Bals. Copaivae* (einige Jahre alt, und einer Verfälschung mit Terpentin oder Terpentinöl verdächtig, zurückgestellt) ergab mit Guajakharz (0,12 g), Spirit. absol. und Benzol (ana 1 ccm) aufgekocht eine violettfarbene Flüssigkeit, welche Färbung an Intensität zunahm und endlich in Dunkelrothviolett überging. Hier bedurfte es also nicht einmal eines stimulatorischen Oeles, um die Reaction zu erreichen, wahrscheinlich in Folge des Alters, denn sehr altes Terpentinöl bedarf gewöhnlich keines Zusatzes eines stimulatorischen Oels, um mit Guajakharz im Contact sich blau oder blauviolett zu färben.

VI. Ein mit fettem Oele verfälschter Balsam ergab mit Harz, Weingeist, Benzol und 5 Tropf. *Ol. Citronell.* versetzt und aufgekocht eine rein gelbe und gelb bleibende Flüssigkeit. Fettes Oel irritirt also die Reaction nicht.

VII. Ein vor Jahren aus einer Apotheke entnommener Copaivabalsam mit Guajakharz, Spirit. absol., Benzol aufgekocht ergab eine klare gelbe Flüssigkeit, welche auf Zusatz einiger Tropfen *Ol. Citronell.* sofort in Dunkelviolett überging. Dieser keineswegs nach Terpentinöl riechende Copaivabalsam war also mit Terpentinöl gefälscht.

I. *Balsamum Gurjunicum,* Gurjunbalsam, *Bals. Copaivae*

Ostindic., Woodoil. 0,2 g Harz wurden mit 30 Tropf. Spirit. absol. aufgekocht, dann Gurjunbalsam (1,5 ccm) hinzugesetzt und durch Erhitzen die Lösung versucht. Sie gelang nur theilweise. *A* sonderte sich in eine gelbe trübe Flüssigkeit und eine am Grunde liegende gelbliche Masse, *B* (mit 7 Tropf. Terpentinöl versetzt) dagegen in eine grünviolette Flüssigkeit und eine am Boden des Cylinders ruhende hellgrüne Masse. Nun wurden 3 ccm Benzol hinzugesetzt und unter vorsichtigem Erhitzen aufgekocht: *A* trübe gelb, *B* trübe violett.

Somit war in dem Balsam kein Terpentinöl vertreten.

II. *Bals. Gurjunic.* Harz mit 15 Tropf. Spirit. absol., Balsam und Benzol aufgekocht: *A* klar und goldgelb, *B* klar und dunkelgelbroth im durchfallenden Lichte.

Hier liegt also kein mit Terpentinöl versetzter Balsam vor. Dieser Balsam war in absolutem Weingeist klar löslich.

Oleum Resinae Pini, Harzöl. Guajakharzpulver (0,2) mit 1 ccm Harzöl und 30 Tropf. Spirit. absol. aufgekocht: *A* und *B* dunkelgelb, auch nach Zusatz von 1 ccm Benzol. Nun mit 5 Tropf. *Ol. Citronell.* versetzt und aufgekocht sind *A* und *B* tief dunkelfarbig. Nach Verdünnung mit 2—3 ccm Benzol: *A* kräftig gelbroth, *B* dunkelblau.

Dieses durch Destillation des Pinienharzes gewonnene Oel war also nicht mit Terpentinöl versetzt.

Terebinthina Canadensis (Canadabalsam). Es werden 0,2 g gepulv. Guajakharz zu 1,5 ccm Canadabalsam und 1 ccm Spirit. absol. gegeben (in *B* 6 Tropf. *Ol. Terebinth.*). Unter Erwärmen und Agitiren wird Mischung und Lösung bewirkt. Nach dem Aufkochen *A* und *B* gelb und klar. Nach Zusatz von 6 Tropf. *Ol. Citronellae* zeigt *B* Farbenwandlung und nach dem Aufkochen ist *A* gelb, *B* aber kräftig violett. Zwei Stunden später war *A* gelb, *B* gelblich-braun. Wurde wieder bis zum Aufkochen erhitzt, so zeigte *A* unverändert eine gelbe, *B* aber eine blauviolette Farbe.

Nach diesen Resultaten liegt in dem Canadabalsam kein Kunstprodukt vor.

Terebinthina laricĭna, Lärchenterpentin. 0,3 Guajakharz mit 1,5 ccm Terpentin und 30 Tropf. Spirit. absol. aufgekocht (in *B* 8 Tropf. *Ol. Terebinth.*): *A* und *B* blassgelb.
Noch warm mit 10 Tropf. *Ol. Citronell.* versetzt und durch-
mischt, tritt in *B* sofort violetter Ton ein, welcher im Verlaufe von 2 Minuten zu kräftigem Rothviolett wird.

Dieser Terpentin war also nicht mittelst Terpentinöls
dünnflüssig gemacht oder künstlich durch Lösen von Harz
in Terpentinöl hergestellt.

Mercuronitratreaction

zum Nachweise vieler ätherischen Oele, auch des
Terpentinöls und solcher Stoffe, welche ozonoprothym oder sauerstoffbedürftig sind, zur Unterscheidung des reinen und Fuselöl enthaltenden Aethylalkohols, des Methylalkohols, der Senföle etc.

Diese Reaction, eine ja altbekannte, versuchte ich in
der Meinung, dass sie sich nur für den Nachweis der ozonoprothymen ätherischen Oele eigne. Bei den vielen Versuchen fand ich in der That einige Momente auf, welche
die Anwendung dieser Reaction empfehlen. Wenn sie den
Nachweis eines ätherischen und auch den Nachweis des
Terpentinöls in nur wenigen ätherischen Oelen sichert, so
bietet diese Reaction auch den Vortheil, die Reinheit vieler
anderer Substanzen zu erkennen.

Obgleich Mercuronitrat mit Glycerin (reinem) und absolutem Weingeist eine klare und sehr dauernde Lösung liefert, so habe ich dennoch die 10 procentige wässerige Lösung (über metall. Quecksilber aufbewahrt) beibehalten, weil
sie in den meisten Fällen eine weisstrübe Mischung giebt,
in welcher das graue reducirte Metall leicht erkannt wird.
Giebt man z. B. 2—3 Tropfen Mercuronitratlösung zu 2 bis
3 ccm reinem starkem Weingeist, so erfolgt eine milchig-

weisse Trübung, welche nach und nach gelblich wird und einen gelblichen bis weissgelben Bodensatz bildet. Erfolgt Reduction, eine graue Trübung, so ist auch der Weingeist ein unreiner, z. B. ein ätherisches Oel enthaltender.

Bei der Prüfung der äth. Oele löst man etwa 5 Tropf. derselben in 2—3 ccm absolutem Weingeist, welcher sich nothwendig gegen Mercuronitrat indifferent verhalten muss, setzt dann 2—3 Tropfen der Mercuronitratlösung hinzu und agitirt. Ist das Oel nicht sauerstoffbedürftig oder sauerstoffbegierig, so entsteht nur eine weisse oder eine weissliche Trübung, im anderen Falle erfolgt Reduction, d. h. eine mehr oder weniger dunkelgraue Trübung oder Fällung.

Unterscheidung des reinen und des Fuselöl enthaltenden Aethylalkohols und des Methylalkohols.

Gegen absoluten reinen Weingeist verhält sich, wie schon bemerkt, Mercuronitrat indifferent, gegen einen in Fässern gelagerten Weingeist meistens nicht und erleidet bisweilen Reduction. Auch Amylalkohol wirkt reducirend auf Mercuronitrat, dennoch zeigt Mercuronitrat gegen Fusel enthaltenden Weingeist ein auffallendes Verhalten.

Um Brennspiritus, stark fuseligen Spiritus von reinem zu unterscheiden, gebe man in zwei 1 cm weite Reagircylinder (*A* und *B*) je 4 ccm des Spiritus und dann je 3 Tropf. des 10 procentigen Mercuronitrats, schüttele um und setze den einen Cylinder *A* beiseite, den anderen Cylinder *B* aber erhitze man bis zum Aufkochen.

In *A* erfolgt nach Zusatz des Mercuronitrats eine weisse, aber den Durchfall des Lichtes nicht völlig störende Trübung. Ein solcher Vorgang erfolgt, wenn reiner 90 procentiger Spiritus mit mehreren Tropfen Amylalkohol oder irgend einem Aether, Fruchtäther (Essigäther) versetzt ist. So trübe, aber durchscheinend bleibt die Flüssigkeit Stunden hindurch und nach 6—8 Stunden zeigt sie eine bläulichweisse Opalescenz, ist durchscheinend und bedeckt dann einen sehr geringen, rein weissen Bodensatz. Die aufgekochte Flüssigkeit in *B* ist fast klar, bläulich schillernd.

Reiner 90procentiger oder noch stärkerer Spiritus ergiebt zu 3 ccm mit 3 Tropfen Mercuronitratlösung versetzt eine starke milchigweisse Trübung, welche nicht durchscheinend ist, und im Verlaufe von 15—20 Minuten einen starken gelblichen oder weissgelben Bodensatz bildet. Wird nach dem Zusatze des Mercuronitrats aufgekocht, so entsteht in der Ruhe ein gelber Bodensatz und die darüberstehende Flüssigkeit ist klar.

Ein Gemisch von reinem 90procentigem Spiritus und Brennspiritus, so wie ein nicht völlig fuselfreier Weingeist verhält sich dem Brennspiritus ziemlich ähnlich, der nach dem Aufkochen sich bildende Bodensatz ist aber nicht rein weiss, sondern gelblich und nur etwas stärker im Umfange als der Bodensatz in Brennspiritus.

Methylalkohol in ähnlicher Weise wie Brennspiritus behandelt ergiebt keine Trübung oder nur eine schwache Andeutung einer solchen. Nach einer Stunde findet man nur eine geringe Spur einer gelblichen Abscheidung.

Kornspiritus, wie Brennspiritus behandelt, verhält sich wie dieser, nach der Aufkochung wird er ebenfalls klarer oder durchscheinender, doch nach einer Ruhe von 20 Minuten bildet er einen nur geringen, aber sehr gelben Bodensatz.

Mit Methylalkohol versetzter fuseliger Kartoffel-spiritus, wie Brennspiritus behandelt, ist nach Zumischung des Mercuronitrats weniger trübe, opalescirend durchsichtig. Nach dem Aufkochen bildet sich in der Ruhe ein sehr geringer gelblicher Bodensatz.

Mit Methylalkohol versetzter reiner Weingeist bildet nach dem Aufkochen in der Ruhe einen äusserst geringen gelben Bodenbelag, meist der Glasfläche anhängend.

Diese Reactionen sind sämmtlich veränderte, wenn der Weingeist etwa aus dem Holze der Fässer Gerbstoff aufgenommen haben sollte.

Substanzen, welche auf Mercuronitrat nicht sofort reducirend einwirken.

Mercuronitrat verhält sich mehrere Minuten, auch länger indifferent gegen folgende, in einer 5—6fachen Menge reinem absolutem Weingeist gelösten Stoffe im reinen Zustande, indem meist zunächst eine milchige weisse Trübung erfolgt:

Aethyläther.

Aethylalkohol.

Amylalkohol.

Benzine.

Benzol.

Bernsteinöl.

Bittermandelöl (naturelles und künstliches).

Braunkohlenbenzin.

Butteräther.

Chloralhydrat.

Chloroform.

Glycerin.

Irisöl *(Ol. Iridis).*

Kampfer.

Kirschlorbeeröl.

Kreosot.

Lignitbenzin.

Methylalkohol.

Oenanthäther.

Paraffinöle.

Paraldehyd.

Petrolbenzin.

Phenol.

Schwefelkohlenstoff.

Senföl, naturelles.

Sinngrünöl *(Ol. Vincae).*

Steinkohlenbenzin.

Steinöle.

Weinbeeröl *(Ol. Vitis viniferae).*

Wintergrünöl ·*(Ol. Gaultheriae).*

Zimmtcassienöl.

Glycerin, zu 1 ccm mit 2 ccm absol. Weingeist gemischt und mit 3 Tropf. Mercuronitratlösung versetzt, wird weder getrübt, noch beim Aufkochen in irgend einer Weise verändert.

Gegen Essigäther und andere ähnliche Aether verhält sich Mercuronitrat ebenfalls indifferent.

Aetherische Oele, welche auf Mercuronitrat nicht sofort reducirend einwirken.

Ol. Amygdal. aeth., Ol. Cinnam. Cassiae, Ol. Gaultheriae, Ol. Vincae, Ol. Vitis viniferae, Ol. Petrae, Ol. Lauro-Cerasi, Ol. Succini, Ol. Lithanthracis sind die Oele, welche auf Mercuronitrat nicht sofort reducirend einwirken, dies aber thun würden, wenn sie mit Terpentinöl oder einem anderen ätherischen Oele verfälscht oder versetzt wären, denn fast alle übrigen ätherischen Oele wirken sofort reducirend. Zimmtcassienöl wirkt nur im Verlaufe vieler Minuten, etwa nach 10 Minuten reducirend. Anisöl wirkt auch nicht schnell reducirend, sondern im Verlaufe von 5—6 Minuten. Einige Sorten *Ol. Sinapis* wirkten 10—15 Minuten hindurch nicht reducirend, während andere Sorten sofort grauweiss getrübt wurden, also eine nur schwache Reduction bewirkten. Alle diese Oele sind, wie oben angegeben, im Umfange von 5—6 Tropfen in 2,5—3 ccm absolutem Weingeist aufzulösen und erst nach vollständiger Lösung, nicht eher, sind 2—3 Tropf. der 10procentigen Mercuronitratlösung zuzumischen.

Irisöl, äth. Veilchenwurzelöl, *Ol. Iridis Florentinae*, ist von Salbenconsistenz, gelb bis bräunlichgelb. In absolutem Weingeist gelöst zeigt dieses theure Oel keine reducirende Wirkung auf Mercuronitrat. Eine sofortige Reduction würde somit auf eine Verfälschung deuten.

Kampfer, zu 0,3 g in 2—3 ccm absol. Weingeist gelöst, wirkt erst nach 2—3 Stunden, Borneokampfer garnicht reducirend auf Mercuronitrat.

Unterscheidung des naturellen äth. Senföls vom künstlich dargestellten.

Mercuronitrat dient ferner zur Unterscheidung der naturellen vom künstlichen Senföle, *Ol. Sinapis*. Man mische etwa 5 Tropfen des Senföls mit 2,5—3 ccm absolutem Weingeist. Nach vollständiger Mischung gebe man 3 Tropfen der 10procentigen Mercuronitratlösung hinzu und mische sofort. Bei naturellem Oele entsteht zunächst eine weissliche, schnell gelblich, dann wieder weisslich werdende milchige Trübung, und in der Ruhe bildet sich ein gelblichweisser, auch wohl ein grauweisser Bodensatz. Bei dem künstlichen Senföle erfolgt sofort graue Trübung oder kräftig graue Fällung. Dass man künstliches Senföl auch darstellen wird, welches sich gegen Mercuronitrat wie das naturelle verhält, ist nicht zu bezweifeln.

Unterscheidung des naturellen von dem durch Mischung dargestellten Bittermandelwassser.

Ferner dient Mercuronitrat zur Unterscheidung der künstlichen *Aqua Amygdalar. amar.* von der naturellen, obgleich es sich gegen künstliches und naturelles *Oleum Amygdalar. amar. aethereum* in weingeistiger Lösung indifferent verhält. Das naturelle, durch Destillation aus bitteren Mandeln hergestellte Bittermandelwasser zu 3 ccm mit drei Tropfen der 10 procentigen Mercuronitratlösung versetzt, bewirkt sofort Reduction und graue Trübung, das künstlich durch Mischung hergestellte Bittermandelwasser erleidet aber nur eine weissliche Trübung, welche erst nach einigen Stunden grau wird.

Zur Prüfung des Honigs, Spiritus, ätherischer Oele, des Senföls etc. mittelst Mercuronitrats finden sich auch in den No. 27, 28 etc. der Pharm. Centralhalle 1885 nähere Mittheilungen.

D. Verf.

11*

Index

der nicht in alphabetischer Ordnung aufgeführten
äth. Oele, Balsame etc.